Innovative Research

中国联通研究院创新研究系列丛书

移动互联网时代的智能终端安全

李兴新 侯玉华 周晓龙 郭晓花 严斌峰 等 编著

人民邮电出版社

北　京

图书在版编目（ＣＩＰ）数据

移动互联网时代的智能终端安全 / 李兴新等编著
. -- 北京 : 人民邮电出版社, 2016.7
（中国联通研究院创新研究系列丛书）
ISBN 978-7-115-42290-3

Ⅰ. ①移… Ⅱ. ①李… Ⅲ. ①移动通信－互联网络－
智能终端－安全技术 Ⅳ. ①TN929.5

中国版本图书馆CIP数据核字(2016)第083101号

内 容 提 要

本书从智能终端面临的安全威胁和安全需求说起，分层次地归纳了智能终端面临的安全威胁和安全需求，并分别讲述终端硬件、系统内核、国产智能终端操作系统、应用和应用商店等各个层面的安全技术和实施策略，最后，从终端、终端产品、云端、标准化工作等层面总结并提出终端信息安全解决参考方案。

本书内容涉及终端信息安全的各个方面，可以为终端安全产品规划部署提供有益参考，对构建和完善终端安全体系具有重要意义，适合安全行业人员、运营商及通信业内人士，以及希望了解更多终端信息安全知识的从业者参考阅读。

◆ 编　　著　李兴新　　侯玉华　　周晓龙　　郭晓花　　严斌峰　　等
　　责任编辑　邢建春
　　责任印制　彭志环

◆ 人民邮电出版社出版发行　　北京市丰台区成寿寺路 11 号
　　邮编　100164　　电子邮件　315@ptpress.com.cn
　　网址　http://www.ptpress.com.cn

印张：10.75　　　　　　　　　　2016 年 7 月第 1 版
字数：196 千字　　　　　　　　2016 年 7 月河北第 1 次印刷

定价：49.00 元

读者服务热线：(010) 81055488　印装质量热线：(010) 81055316
反盗版热线：(010) 81055315

本书编写组

主编：李兴新　侯玉华　周晓龙　郭晓花　严斌峰

编著：旷　炜　吕文琪　邸青玥　齐　霄　张成岩

　　　刘馨靖　张云勇　魏亚杰　姜　琳　赵　慧

　　　陈　冰

序　言

随着移动互联网业务日益繁荣、智能终端硬件水平不断提升，移动智能终端市场前景空前广阔，2015 年年底中国移动互联网智能终端设备活跃数已接近 9 亿。与传统通信终端相比，移动互联网时代，以个人为中心的移动互联网终端承载着大量个人日常工作和生活信息，其重要性日益凸显。而伴随而来的是越来越严重的信息安全威胁，各类病毒、木马、后门层出不穷，严重威胁了个人信息、隐私数据、金融财富甚至国家机密的安全。其中，终端安全作为应对信息安全威胁的核心环节，理应引起重视。

本书对移动智能终端信息安全做了系统化的描述。首先介绍了移动互联网和智能终端的技术和市场演进概括，进而分析了终端安全面临的威胁和现实需求，并着重介绍了终端安全所涉及的硬件、内核、操作系统、应用和应用商店几方面关键技术，最终对终端安全解决方案做分析和探讨。

终端信息安全是涵盖终端到云端、从硬件到软件的系统化需求，本书试图从市场和技术角度对终端安全问题进行分析，让读者系统性地了解移动互联网时代智能终端信息安全概念，对解决终端信息安全问题有一定的借鉴意义，可供消费者、安全行业人员、运营商及通信业内人士参考。

前　言

　　近几年，互联网技术快速发展，在国家大力实施创新驱动发展、"互联网+"、宽带中国及大众创业、万众创新战略下，中国互联网尤其是移动互联网发展迅猛。根据中国互联网络信息中心（CNNIC）发布的第 37 次《中国互联网络发展状况统计报告》统计，截至 2015 年 12 月，中国网民规模已达 6.88 亿，互联网普及率达 50.3%，半数中国人已接入互联网，同时，网民的上网设备正在向手机端集中，智能手机成为拉动网民规模增长的主要因素，同期我国手机网民规模达 6.20 亿，有 90.1%的网民通过手机上网。移动通信技术的发展、网络环境的日益完善和智能终端的进一步普及、网民数量的激增和旺盛的市场需求共同推动了移动互联网领域更广泛的应用发展热潮，移动互联网正在塑造全新的社会生活形态，基础应用、商务交易、网络金融、网络娱乐、公共服务等个人应用日益丰富。2015 年，手机网上支付用户规模达到 3.58 亿，增长率为 64.5%，使用手机网上支付的网民比例由 2014 年年底的 39.0%提升至 57.7%；通过互联网实现在线教育的用户规模达 1.10 亿；使用网络医疗的用户规模达 1.52 亿；使用网络约车的用户规模已达 1.18 亿。移动互联网由于其普惠、便捷、共享等特性，已经渗透到公共服务、企业经营和个人生活的各个领域，改变了人们的工作、学习和生活方式。智能终端作为移动互联网的入口，是移动互联网的基础组成部分，智能终端的发展是推动移动互联网发展的核心力量。

在移动互联网时代，终端安全形势也有了非常明显的变化。由于基础硬件平台的开放性、操作系统的智能化、移动互联网应用的不可控传播等使智能终端安全状况变得更复杂，也使整个移动互联网产业的安全风险不断增加。斯诺登"棱镜门事件"，曝光了美国政府的监控活动引发了全球对网络安全和个人隐私的担忧；Android、iOS 等操作系统存在诸多安全漏洞和隐藏后门，也严重威胁了用户个人隐私、商业机密、财富以及国家安全。政府、命脉行业以及商务人士对智能终端的安全需求日益增加。

国家和政府非常重视网络信息安全问题。2014 年 2 月 27 日，中央网络安全和信息化领导小组成立，统筹协调涉及经济、政治、文化、社会及军事等各个领域的网络安全和信息化重大问题，研究制定网络安全和信息化发展战略、宏观规划和重大政策，推动国家网络安全和信息化法治建设，不断增强安全保障能力。智能终端安全作为网络信息安全的组成部分，将是移动互联网产业发展中不可回避的重要挑战。

本书以此为背景，从智能终端面临的安全威胁和安全需求说起，分层次地归纳了智能终端面临的安全威胁和安全需求，并分别讲述了终端硬件、系统内核、国产智能终端操作系统、应用和应用商店等各个层面的安全技术和实施策略，最后从终端、终端产品、云端、标准化工作等层面总结并提出终端信息安全解决参考方案。本书内容涉及终端信息安全的各个方面，可以为终端安全产品规划部署提供有益参考，对构建完善的终端安全体系具有重要意义。

全书共分为 7 章。第 1 章介绍了移动互联网和智能终端的发展历程，引出智能终端信息安全概念；第 2 章介绍了移动互联网背景下智能终端信息的安全威胁和安全需求，终端安全是分层面的系统化需求，在后续第 3~6 章分别分析了各层面对应的安全技术；第 3 章介绍了终端硬件安全技术，重点介绍了主芯片、加密芯片、其他专用安全芯片等，提出终端硬件安全参考架构；第 4 章介绍了内核安全策略，主要是市场广泛使用的 SELinux 安全策略；第 5 章介绍了主流国产智能终端操作系统，包括沃 Phone OS、阿里 YunOS 等；第 6 章介绍了应用商店的安全分发机制和终端应用运行安全管理机制；第 7 章讨论了终端信息安全解决方案，包含公众用户、政企移动办公用户、高安全的终端安全解决方案，以及终端安全产品设计、云端安全管理方案等，并简单介绍了智能终端安全标准化研究工作。

本书适合于安全行业人员、运营商及通信业内人士，以及希望了解更多终端信息安全知识的从业者参考阅读。

本书在编撰过程中注重内容的完整性、通俗性和实用性。

完整性：本书涵盖了从硬件到软件、终端到云端的智能终端信息安全的各个层面，对相关核心技术、应用案例等方面都有论述。

通俗性：本书介绍了终端安全的基本知识，涵盖了终端安全的各个层面，相关技术介绍深入浅出，便于读者直观清晰地理解。

实用性：本书紧密结合实际，对终端信息安全的背景、需求、技术、部署和应用等各方面进行了分析和论述。

本书由中国联通研究院丛书委员会策划，李兴新统稿。第 1 章由侯玉华、严斌峰编写；第 2 章由郭晓花、齐霄、李兴新编写；第 3 章由邸青玥、旷炜、周晓龙编写；第 4 章由郭晓花、李兴新编写；第 5 章由吕文琪、周晓龙、李兴新编写；第 6 章由李兴新、旷炜编写；第 7 章由李兴新、邸青玥、周晓龙编写。

参加研究和写作的成员还有：张成岩、刘馨靖、张云勇、魏亚杰、姜琳、赵慧、陈冰。

本书凝聚了作者长期的智能终端安全实践经验以及研究思考的成果。作者广泛收集了国内外相关材料，参考了一些安全论著，并结合了终端产业的最新发展情况，部分相关材料在本书编写过程中有引用，在此表示感谢。人民邮电出版社的邢建春编辑、研究院信息室范云杰编辑为此书倾注了大量心血，在此致以诚挚的谢意。

本书受国家"核心电子器件、高端通用芯片及基础软件产品"（核高基）科技重大专项课题"移动智能终端操作系统开发 2012ZX01039002-003"基金资助。

本书是作者的积极探索和思考的成果，仅代表个人观点，与任何机构的立场无关。我们希望通过大家的共同努力，理清智能终端安全的发展思路，在移动互联网大环境中创造安全可靠的终端应用环境，为网络信息安全创新发展贡献一份力量。由于信息安全概念外延广阔，作者水平有限，加之时间仓促，书中难免有错误或不当之处，恳请广大专家学者不吝批评指教。

作者

2016 年 3 月于北京

第 1 章

绪　论

1.1　移动互联网发展概述

1.1.1　移动互联网发展历程

移动互联网起源于移动通信网络与互联网（Internet）的结合。互联网的开创始于 1969 年美国国防部的 ARPAnet 网络，ARPAnet 网络最初服务于美国国防部的军事系统，从技术上不具备推广的条件，随着 TCP/IP、WWW 等技术的研发，并入网络的电脑主机和局域网逐渐增加，从而诞生了真正的 Internet 网络。20 世纪 90 年代后，Internet 商业化服务提供商的出现，商业机构逐渐发现 Internet 在通信、资料检索、客户服务等方面的巨大潜力。于是，其势一发不可收拾，世界各地无数的企业及个人纷纷涌入 Internet，从而带来 Internet 发展史上一个新的飞跃。1994 年 4 月，中国正式加入 Internet，成为真正拥有全功能 Internet 的第 77 个国家。Internet 目前已有超过 200 个国家和地区加入，截止到 2014 年底，全球活跃互联网用户突破 30 亿人。

　　移动通信技术在过去的十多年中发生了巨大的变化。20 世纪 80 年代开始提出第 1 代移动通信技术（1G，The 1st Generation），第 1 代移动通信网络采用模拟语音调制技术，其业务量小、质量差、安全性差、速度低，传输速度约为 2.4 kbit/s，如美国推出的 AMPS（Advanced Mobile Phone Service，高级移动电话业务）、英国推出的 TACS（Total Access Communication System，全接入通信系统）、北欧的 NMT（Nordic Mobile Telephone，北欧移动电话系统）。但是不同的网络采用不同的技术，相互之间无法漫游，也无法开展数据承载的业务。20 世纪 80 年代中期欧洲等发达国家开始研制第 2 代移动通信技术（2G，The 2nd Generation），欧洲国家主导的 GSM（Global System for Mobile Communication，全球移动通信系统）系统于 1991 年正式运行。为了满足数据业务的需求，GPRS（General Packet Radio Service，通用分组无线业务）技术顺势而生，其数据速率可达 115 kbit/s，使移动通信与 Internet 结合在一起，提供移动互联网浏览、收发邮件等业务，开始真正意义上的移动互联网业务。在向第 3 代移动通信技术（3G，The 3rd Generation）的演进过程中，又推出了增强型数据速率 GSM 演进（EDGE, Enhanced Data Rate for GSM Evolution）技术，EDGE 技术有效地提高了 GPRS 信道编码效率及其高速移动数据标准，其数据业务传输速率达到 384 kbit/s。伴随着用户对数据带宽的需求不断提升，国际电信联盟（ITU, International Telecommunication Union）提出发展 IMT-2000 第 3 代移动通信技术，主要的技术标准包括 WCDMA（Wideband CDMA，宽带码分多址）、cdma2000 和 TD-SCDMA。TD-SCDMA 支持的峰值下行速率达 2.8 Mbit/s，CDMA 网络在高速移动状态可提供 384 kbit/s 的传输速率，在低速移动或室内环境下，可提供 2 Mbit/s 的传输速率。IMT-2000 家族中各种标准存在相互兼容的问题，同时还存在频谱利用率低、速率不够高等问题，因此需持续向第 4 代移动通信（4G，The 4th Generation）标准演进，其主要标准包括

TD-LTE （TD-SCDMA Long Term Evolution, TD-SCDMA 长期演进）、
FDD-LTE(Frequency Division Duplexing Long Term Evolution，频分双工长期演进)
技术。我国已于 2013 年 12 月正式发放 TD-LTE 牌照，2014 年 2 月发放 FDD-LTE
牌照，全面进入 4G 时代。2015 年，国际范围内的 5G 标准研究工作已经启动，
预计 2020 年前 5G 标准成熟并可逐步投入商用。

1.1.2　移动互联网特点

相比传统基于 PC 的互联网模式，移动互联网由于其智能移动的特征，在过
去几年时间内呈现出爆发式的增长态势。根据 2015 年 7 月中国互联网络信息中心
（CNNIC，China Internet Network Information Center）发布的统计报告，我国网民
规模达到 6.68 亿，其中近 9 成用户使用手机上网。移动互联网的主要特点有 3 个，
即终端智能化、网络 IP 化、业务多元化。

终端智能化是指开放原本封闭的操作系统，开发者可以利用操作系统提
供的开发环境开发各类应用程序，用户可以自行加载应用程序扩展手机功能。
智能终端开放、可扩展的特点，成为通信行业和其他行业联合、跨行业融合
的纽带。

网络 IP 化是网络向适应移动互联网需求方向发展的基础。IP 化网络使移动
互联网具备了打破传统电信领域疆界的能力，通过网络融合、业务融合和运营转
型等，使与移动互联网密切相关的产业因素深刻影响移动通信的发展。移动互联
网 IP 化具有很多优点，如提高业务的丰富性、组网灵活性、系统高扩展性、业务
和网络的可管理性等，但是 IP 化也带来一个很大的问题，就是把基于 IP 的互联
网存在的安全威胁全部引入到了移动互联网。如以前在固网中出现的 DDoS
（Distributed Denial of Service，分布式拒绝服务）攻击、蠕虫病毒、恶意网页推送

等，如今在移动互联网中也非常常见。

移动互联网业务多元化的特点也越来越突出，应用创新、跨界合作、商业模式创新等成为显著的特点。移动互联网的业务不是传统互联网业务的翻版，通过智能终端这个展现的载体，叠加移动化和个性化等特点，衍生出更多的业务形式、商业模式和合作模式，促进产生新的产业和业务形态。

1.1.3　移动互联网业务

移动互联网业务伴随着移动通信网络的发展不断发展。在 2G 网络时代，受限于移动网络传输速度，移动互联网业务主要以短消息、多媒体消息、浏览类业务、邮件等增值业务为代表，其中短消息业务是最主要的移动增值业务。2004 年，移动增值业务市场收入为 385 亿元，发送短信 2 177 亿条，短信收入占运营商总收入的 50%以上，其他业务如彩信、WAP（Wireless Application Protocol，无线应用通信协议）等业务增长速度也非常快。

到了 3G 时代，网络传输速度比 2G 时代有很大的提升，3G 网络为用户提供了一个实时在线的高速数据接入，移动互联网业务不再局限于通信类的业务，而是逐渐渗透到工作、生活的方方面面，用户可以通过移动终端实现办公、实时导航、安全支付、在线游戏等业务，实现了用户多层次的各类需求。移动通信网络逐渐变成了通信管道，基于通信管道，各类互联网应用百花齐放。

4G 网络牌照已经下发，对于 5G（The 5th Generation，第 5 代移动通信）的研究也已启动，物联网将被规模部署和应用。网络速度已不再是用户对行业的第一诉求，移动互联网应用的发展将主战场从手机拓展到物联网终端领域。特别是大数据、云端计算的移动互联网应用是主要发展方向。未来，移动互联网业务多元化的特点越来越突出，这势必会促进产生更多类型的创新应用，产业链涉及的领域越来越多，移动互联网的规模逐步放大。

1.2　智能终端发展概述

1.2.1　智能终端发展现状

随着移动通信网络的发展，智能终端产业迅猛发展，智能手机市场规模不断扩大。智能手机不再仅仅是通信的工具，更成为人们日常工作生活中的助手。2013 年全球智能手机出货量为 10.042 亿部，2014 年为 11.67 亿部，2015 年达到了 12.927 亿部，年增 10.3%。虽然智能手机主要的市场份额还是被三星和苹果占领，但中国智能手机发展和进步巨大，2015 年出货量达到了 4.5 亿部，占据全球智能手机出货量 42% 的份额，而且在全球十大手机品牌中占据了 7 个席位，以华为为代表的国产智能手机在高端智能手机市场表现瞩目，表明了我国手机厂商在软硬件整合能力、产业核心技术领域的巨大进步。

智能终端的市场不断发展壮大，其形态也不再局限于智能手机、平板电脑、智能电视，应用的领域也不再局限于大众消费市场。智能手表、智能眼镜等可穿戴产品也在逐渐走入大众市场，可穿戴设备不断催生出围绕个人运动、健康等主题的消费热点和消费模式。在三网融合及大众需求的大背景下，个人终端、家庭电视、PC 电脑之间的设备互联、融合互动将又会成为新的消费热点，多种设备的互动还会催生新型的应用体验模式。

物联网终端是移动智能终端的另一发展方向。近年来，随着信息化的逐渐深入，物联网的概念逐渐明晰，物联网应用的前景广阔，成为智能终端市场新的热点。据 IC Insights 预测，2015 年全球接入物联网的终端设备将达到 132 亿个，已经远远超过通过 PC 和手机上网的人数。物联网终端应用领域和应用模式也越来越多，其可以应用于工业、农业、医疗、家居、安全、交通等领域，如医疗监控和诊断、智能电表、智能水文监测、智能家居、车联网等。在应用模式方面，物联网终端可以作为智能控制终端、智能跟踪终端以及智能标签，如无人驾驶汽车的智能控制模式、应用传感设备进行气象数据的采集和分析、通过 NFC 技术进行标签的智能识别等。

1.2.2　智能终端关键技术

智能终端是由底层硬件、操作系统以及可以扩展的各类应用组成，实现移动通信基础功能，并承载各类移动互联网业务。智能终端的关键技术主要包括无线接入、操作系统、终端硬件、应用等。

1.2.2.1　终端无线接入技术

终端设备通过无线接口与无线接入网相连，实现终端与网络的物理接入，与网络进行信令和数据的交换。终端无线接入模块主要包括射频模块（RF，Radio Frequency）、基带处理器。基带处理器是接入模块最核心的部分，主要功能为基带编解码、语音编码等，负责基带信号处理和协议处理；射频模块主要负责射频收发、频率合成和功率放大，主要实现信号接收和信号发送，主要包括天线、开关、SAW 滤波器功率放大器（PA，Power Amplifier）、收发器等。

伴随移动通信网络技术的发展历程，终端无线通信接入技术不断发展，从支持 GSM、CDMA（Code Division Multiple Access，码分多址）、GPRS（General Packet Radio Service，通用分组无线服务）、EDGE（Enhanced Data Rate for GSM Evolution，增强型数据速率 GSM 演进）的 2G 无线接入技术，到 TD-SCDMA、WCDMA、cdma2000 的 3G 无线接入技术，进入 4G 时代，终端的无线接入需要支持 LTE-FDD

和 TD-LTE 技术。上述各种制式将在未来相当长的一段时期内长期共存，国内运营商主导推出了"五模十频""全网通"等终端，支持多种网络制式，扫清了用户使用障碍。

终端无线接入技术，国际范围内均追随着国际标准化演进的路线，其核心技术、关键指标、安全性均通过国际标准化工作组的专业研究工作提供保障。

智能终端除了支持蜂窝移动通信技术外，通常还支持 Wi-Fi 无线接入、蓝牙数据传输、NFC 短距离数据传输等功能。

1.2.2.2　终端硬件技术

连续几年，终端硬件的更新换代速度非常快，终端硬件的飞速发展启动了智能终端时代。智能终端的硬件器件包括应用处理器（AP, Application Processor）、Modem、内存、电池管理单元（PMU, Power Management Unit）、屏幕、摄像头、传感器、电池、天线等。

应用处理器是智能终端最核心的部件，是衡量终端性能的重要指标。应用处理器通常集成了 CPU 和 GPU（Graphic Processing Unit，图形处理器），CPU 主要负责操作系统和应用程序的运行，GPU 是专门用于处理图像的处理器。当前 AP 芯片一般采用 Cortex-A 架构，集成多个处理器内核以提高处理性能，目前包含八核处理器的芯片提供了最佳性价比。

传感器指能感受和测量某状态并按照一定的规律转换成可用信号的器件或装置，它让移动终端更智能，是用户获得与智能终端良好交互体验必不可少的部件。移动终端常用的传感器有光线传感器和距离传感器。光线传感器可以根据环境光线的强弱自动调整屏幕亮度；距离传感器可以使屏幕靠近耳朵时候自动变暗，离开人体时，自动变亮，尤其对于触摸屏可以防止用户误操作。其他诸如陀螺仪、光学心率传感器、运动传感器等伴随着智能可穿戴设备的发展也在相当多的智能手机中集成。随着物联网应用的逐渐深入，智能终端上搭载的传感器件越来越多，未来有可能成为智能终端最主要的特征。

其他的如电池管理、屏幕、摄像头、天线、内存等，都在智能终端时代取得了长足的发展。

1.2.2.3 终端操作系统

操作系统是智能终端的核心，能够使用基础通信服务，安装和运行丰富的扩展应用。智能终端的操作系统一般包括内核层、核心服务层和应用框架层。内核层实现内存管理、文件管理、电源管理等核心操作系统任务；核心服务层通过封装库函数为外部接口提供访问操作系统的服务，如安全性管理、媒体管理、SQLite引擎等；应用框架层为开发者提供各种开发组件，支持应用的运行，并负责处理屏幕触摸、页面显示等事件。

Android 和 iOS（iPhone Operating System，iPhone 操作系统）是当前市场占有率最高的两个系统，2015 年 Android、iOS 在国内终端操作系统市场的占有率超过 98%。国产终端操作系统的发展陷入困境。

1.2.2.4 终端应用

终端操作系统向开发者开放了软件开发工具包 SDK（Software Development Kit），使开发者能够调用操作系统提供的丰富应用程序开发接口（API，Application Programming Interface）开发丰富的扩展应用，造就了多姿多彩的智能操作系统生态环境。

第三方开发的应用通过应用商店分发，开发者从应用商店下载应用并安装。应用商店的应用规模是操作系统生态的重要指标，Android 和 iOS 的应用规模都超过了 120 万个。

应用的质量和水平已经成为评价智能终端使用体验的关键指标。

1.3　移动互联网终端信息安全技术

智能终端操作系统将原本封闭的终端系统开放，使移动终端与互联网的交互越来越便捷，终端承载了越来越多业务功能，包含了越来越多的个人信息，终端安全性至关重要。

终端安全性体现在终端操作系统、终端硬件及架构、终端应用等各个层面。

终端操作系统的安全技术主要体现在防范操作系统后门程序、操作系统漏洞以及 API 的滥用等方面。对于安全需求敏感的用户需要自主可控的操作系统，防止后门程序带来的主观恶意行为。终端操作系统需要不断地升级更新，持续解决技术缺陷和漏洞，另外其升级更新需要在受控的条件下完成。操作系统提供对系统资源调用的监控、保护、提醒，确保涉及安全的系统行为在受控的状态下，不会出现用户在不知情的情况下某种行为的执行。

硬件安全主要体现在芯片内程序、终端参数、安全数据、用户数据安全等方面，上述信息需要在芯片层面保证不被篡改或非法获取。另外，通过设计采用更安全的硬件架构设计可提供更高级别的安全性。

终端应用安全包含应用分发安全、应用使用安全，可通过安全应用商店安全检测机制在应用测试和上架环节提高应用在分发前的安全性，通过终端层面的应用安全控制提高应用在使用中的安全性等。

1.4　小结

移动互联网是移动和互联网结合的产物，既继承了互联网的开放、分享、互动特点，也继承了移动环境下的移动性和个人化的特点。移动互联网不断催生出创新的业务形式、跨界的商业模式，越来越多的人投入移动互联网，或成为移动互联网用户中的一员，或成为移动互联网创业大军中的一员。移动互联网无时无刻地改变着人们的生活方式。为了让读者更好地了解移动互联网的相关背景，本章首先回顾了移动互联网的发展历程，总结了移动互联网的特点及业务形式；然后简要阐述了作为移动互联网中重要角色的智能终端的发展现状和关键技术；最后分析了移动互联网面临的最大的挑战——安全性，指出移动互联网时代智能终端安全的重要性。

移动互联网时代智能终端的安全威胁

2.1　概述

Gartner 和麦肯锡的预测数据显示，2015 年全球连接到互联网上的设备将达 49 亿台，2020 年或将超过 260 亿台，智能汽车、手机、手环、医疗设备、家电等智能设备逐渐普及到人类的生产生活中，科技正逐步实现万物互联的美好愿景，也成就了发展迅猛的移动互联网产业。

与传统互联网相比，移动互联网应用能够给用户提供更有针对性的服务和更具交互性的体验，因此其传播更快速、使用范围更广泛，智能终端强大的处理能力和丰富的应用软件极大地方便了人们的工作和生活。移动智能终端作为移动互联网业务的载体，不再仅仅是通信、娱乐工具，同时承载了移动电子商务、移动支付、移动互联网金融、移动政务、移动执法、移动办公等丰富的业务功能。以个人为中心的移动互联网终端和业务承载着大量个人日常工作和生活信息，其重要性日益凸显。

在移动互联网产业蓬勃发展的背后，针对移动互联网和移动智能终端的各类病毒、木马、后门也层出不穷，严重威胁了个人信息、隐私数据、金融财富甚至国家机密的安全，移动智能终端信息安全是其中的关键问题，引起了社会各界的广泛关注。

《移动互联网恶意代码描述规范》将个人用户的移动终端面临的安全风险分为恶意扣费、隐私窃取、流氓行为、资费消耗、系统破坏、远程控制、诱骗诈骗、远程传播 8 类。据 360 互联网安全中心发布的《2015 年中国手机安全状况报告》指出，2015 年 360 互联网安全中心累计截获 Android 平台新增恶意程序样本 1 874.0 万个，分别是 2013 年、2014 年的 27.9 倍、5.7 倍，平均每天截获新增恶意程序样本高达 51 342 个；Android 用户感染恶意程序 3.7 亿人次，分别是 2013 年、2014 年的 3.8 倍和 1.1 倍，平均每天感染量达到了 100.6 万人次；在所有手机恶意程序中，资费消耗类恶意程序的感染量仍然保持最多，占比高达 73.6%，其次为恶意扣费（21.5%）和隐私窃取（4.1%）。

而从用户体验角度来看，个人用户遭受的安全威胁，除骚扰电话和电信诈骗外，还遭受了恶意扣费、流量消耗、隐私数据泄露、系统和文件损坏及手机中毒等形式的危害。如图 2-1 所示。

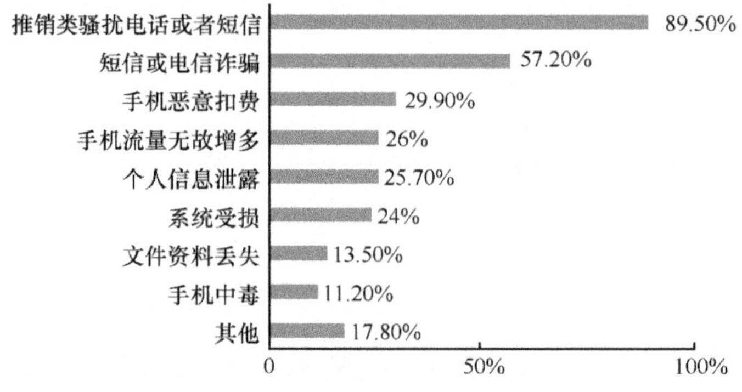

图 2-1　2014 年用户曾经遭受的安全威胁种类

智能终端安全风险对国家信息安全威胁更为突出。斯诺登"棱镜门事件"曝光了美国政府的监控活动，苹果公司与美国政府关于开放用户隐私数据监管和设置系统后门的要求斗争频繁见诸报端，这些都引发了全球对网络安全和个人隐私的担忧，政府部门、命脉行业以及商务人士对安全通信的需求日益增加；Android、iOS 等操作系统存在的诸多安全漏洞或恶意隐藏的后门，严重威胁了用户个人隐私、商业机密、财富以及国家安全；现有的第三方安全软件缺乏底层权限，从而无法完全保证信息安全。

从系统角度来看，移动智能终端信息安全是从终端到云端、从硬件到软件的系统化需求，来自移动互联网的安全威胁源于产业链各个层面，需要产业链各方的共同努力。

2.2　硬件层安全威胁

硬件层安全威胁来源于终端芯片设计安全漏洞或终端硬件体系安全防护不足等方面。

终端芯片等核心硬件器件不可避免地存在已知或未知的安全漏洞，可能导致平台安全权限被获取，或芯片中存储的隐私数据被窃取等。如安全专家在"黑帽 2014 大会"的发言中提到高通骁龙处理器存在严重的安全漏洞。只要通过一些技术手段，任何人都可以利用该漏洞来攻破 DRM（Digital Rights Management，数字版权管理）方案，可能导致敏感资料泄露。高通目前也已对外承认了该漏洞的存在。2016 年 1 月，安全研究者 Justin Case 在社交网络上公布，部分使用 MTK 芯片的 Android 智能手机和平板电脑存在一个安全漏洞，容易被恶意应用利用而轻易获取系统 root 权限。

终端芯片的漏洞修复依赖于芯片厂家。事实上，终端关键芯片的核心技术大多掌握在国外公司手中，这使涉及国家命脉行业和领域的智能终端安全状况极其尴尬。毕竟，参照美国政府要求苹果公司开放后门以备监管的案例在前，很难确定芯片中是否同样存在类似的"后门"。因此，在国家命脉行业中推行芯片国产化变得尤为重要。

相较于软件开放编程的特性，硬件的安全设计让用户更能感受到安心和安全。推广可信的硬件平台，在移动终端级芯片部署必要的安全策略，确保终端内的系统程序、应用程序、配置参数、用户信息不被篡改或非法获取，对整个移动终端的安全起到基础作用。目前，面向公众用户的终端硬件设计相对已趋于成熟，但针对移动办公或国家命脉行业的应用需求，当前的硬件设计水平还不能满足其安全需求，提升终端硬件安全防护设计水平可以有效防范更多的安全威胁。

2.3　操作系统安全威胁

智能终端操作系统是管理和控制终端硬件与软件资源的程序，硬件资源的调度使用及任何软件都必须在操作系统的支持下才能运行。操作系统的功能包括管理系统的硬件/软件及数据资源、控制程序运行、提供人机交互界面、为其他应用软件提供支持等，让终端所有资源协同发挥作用，为第三方软件的开发和运行提供服务和接口支持等。终端的硬件设备和应用软件在操作系统驱动下为用户提供各种功能和服务。

智能终端是一个包含丰富硬件和支持丰富软件的复杂系统。其硬件资源有：通信设备（蜂窝移动通信设备、无线局域网通信设备）、终端信源传感器（麦克、摄像头、陀螺仪、定位导航系统）、终端输入输出设备（红外线接口、蓝牙、USB接口、SDIO 接口）、数据存储（机身存储、外置存储卡）等。软件则包括操作系统提供的基础应用，包含基础通信服务软件（电话号码本、通信记录、短消息、电子邮件等）、系统管理软件（系统设置、文件管理、日程管理等），以及相关的各种第三方应用软件。

智能终端操作系统作为一个软件系统，不可避免地存在漏洞问题。漏洞可能导致终端无法正常运行，有些缺陷可能会造成终端管理权限被非法获取或者安全防护措施被绕过，会降低产品安全性并导致严重的安全问题。阿里安全《2015 年第三季度移动安全报告》显示 2015 年前 3 季度监测的 Android 系统漏洞 97 个，同比上涨 781%，iOS 系统漏洞 579 个，同比上涨 101%。

智能终端操作系统通常开放应用程序编程接口（API, Application Programming Interface）和软件开发工具包（SDK, Software Development Kit）供应用开发者使用，存在不法开发者利用 API 调用执行恶意行为的风险，带来恶意扣费、隐私窃取、远程控制等安全问题。据统计，目前约 80%的恶意应用软件都是通过调用智能终端敏感 API 来实施恶意行为。

智能终端操作系统的后门程序是另一个极为敏感的安全问题。后门程序一般是指那些绕过程序或系统已有的安全措施而获取对程序或系统访问权的程序方法。后门程序都是程序员自主设计，有的是为后期程序修改提供便利，有的则是开发者故意设置以图实施信息采集、远程控制等非法行为。后门程序的隐蔽性相对更强，通过技术手段检测的难度很大。尤其是操作系统层面的后门对国家信息安全威胁极大。

除操作系统自身技术限制带来的安全风险，不正确地使用操作系统也会引入更多的未知风险，如在系统更新升级时使用未经官方认证的第三方系统，有被植入恶意代码的风险。

终端操作系统安全的目标是对系统资源调用行为进行限制和监控，确保无论在使用者可见或不可见的情况下，系统操作行为总是在安全可控的状态下进行，不会出现在用户不知情或者无法控制的情况下发生不安全或有损用户利益的操作行为。

从国家信息安全的角度，还应加大自主产权智能终端操作系统的研发和推广工作。

2.3.1　iOS 系统安全分析

iOS 是苹果公司主导的终端操作系统，凭借其出色的稳定性受到众多果粉用户的青睐。iOS 系统的闭源策略使对其安全机制的深入了解变得相对困难，因此 iOS 系统相对更安全。更主要的是，iOS 系统的应用商店 AppStore 在 iOS 应用体系中有着极强的控制力，整体应用质量和可靠性相对较高，给用户带来了较高的用户安全体验。但不可避免地，iOS 系统同样面临着严重的安全威胁。

（1）系统漏洞

最典型的利用 iOS 系统漏洞的场景是 iOS 越狱，而尴尬的是，iOS 越狱是相当一部分用户主动选择的行为。

开发者利用系统漏洞绕开 iOS 针对签名检查等安全机制的限制，完成"越狱"行为。Untethered Jailbreak（完美越狱）需要多个 iOS 漏洞的配合，典型的越狱漏洞组合利用流程是：沙箱逃逸完成文件注入，绕过签名检查，最后利用内核漏洞完成内核代码修改进而关闭 iOS 的安全机制。

1）文件注入漏洞

在越狱前，通过 iOS 文件注入漏洞，把目标文件加载到 iPhone 设备上。如 DDI（Developer Disk Image race condition，开发者磁盘映像的竞态条件）漏洞，在检查签名之后和挂载之前，替换正常的磁盘映像，从而实现文件的注入。在最新的 iOS 9 完美越狱上，使用了一种全新的文件注入方式，直接在沙箱内通过 IPC 完成了对任意目录的文件注入。

2）沙箱任意代码执行漏洞

2015 年，CVE-2014-4492 漏洞细节被披露，其服务端存在于 networkd 进程，通过 IPC 实现沙箱与该进程通信，该服务中的通信处理函数没有对 xpc_data 对象进行类型校验，进而直接调用 xpc_data_get_bytes_pointer，而是通过传入其他类型数据混淆，以及 fake object 构造，最终控制 PC 并执行任意代码。值得一提的是，这类漏洞在非越狱设备上可直接通过沙箱触发，给用户带来极大的风险。

3）内核漏洞

在越狱过程中内核漏洞的主要目标是利用漏洞转化成稳定的任意读写能力，然后对内核代码进行修改，从内核层关闭 iOS 的安全机制。虽然 iOS 内核有诸多安全机制：SMAP（Supervisor Mode Access Prevention，防止超级用户访问）、DEP（Data Execution Prevention，数据执行保护）、KASLR（Kernel Address Space Layout Randomization，随机分配内核地址空间），但仍有少数的溢出漏洞能独立利用并绕过这些安全机制，最近数次完美越狱(iOS7.1.2～iOS9.0)的内核漏洞都是从开源驱动模块 IOHIDFamily 中找到的。用于 iOS9 越狱的 CVE-2015-6974 漏洞，存在于 IOHIDFamily-IOHIDLibUserClient 中，是典型的 UAF 漏洞，在对象释放后未将指针置空，使对象释放后用户态还能继续调用，进而泄露内核基础和控制 vtable 找到合适的 gadget 转化成任意读写能力。

（2）开发工具植入恶意代码

Xcode Ghost 是一种 iOS 手机病毒，主要通过非官方下载的 Xcode 传播，通过在开发工具 Xcode 中插入恶意代码，在开发过程中通过 CoreService 库文件进行感染，使编译出的 App 被注入第三方的代码，向指定网站上传用户数据。

2015 年 9 月，在 App Store 上架的多个应用被爆注入了 Xcode 第三方恶意代码，这些恶意代码成功绕过了苹果平台的审核，在被用户下载到本地运行时即可窃取用户信息，执行大量恶意行为。受 XcodeGhost 病毒影响，App Store 下架了被污染的多个应用，逾 1 亿用户受影响。

（3）iOS 后门风波

德国《明镜》周刊网站最先披露美国国家安全局曾编制一种软件用以收集苹果手机用户信息，这在一定程度上证实了技术界人士先前的普遍推测，即苹果手机有"后门"。在德国汉堡市举行的第 30 届混沌通信大会期间，电脑安全独立研究人员雅各布·阿佩尔鲍姆公开了多份美国国家安全局文件，披露这一美国情报机构编制恶意软件，名为"遗失吉普"（Dropout Jeep）。文件编写日期为 2008 年 10 月 1 日，即苹果 iPhone 等智能手机上市初期。"遗失吉普"最初版本需要以人工方式植入 iPhone，后续版本可以远程遥控安装，用于收集手机用户联系人、读取短信内容、听取语音留言、确认手机所处地理位置以及附近基站，甚至打开手机相机和麦克风，继而以加密数据的方式把这些信息发回植入者。2014 年 3 月中央电视台也对苹果手机可搜集记录用户位置的功能提出质疑，认为苹果手机详细记录了用户位置和移动轨迹，并记录在未加密数据库中，该功能不仅记录用户常去的地点名称，还详细记录用户在这个地点停留的时间及次数。

2014 年苹果公司首次承认，可以通过一项此前并未公开的技术来提取 iPhone 中定位、短信、通讯录和照片等个人数据。同时苹果公司强调称，通过此项技术提取的用户数据仅用于售后服务和改善用户体验并且苹果公司从未与任何国家的任何政府机构就任何产品或服务建立过所谓的"后门"。尽管目前没有充分证据证明 iOS 操作系统存在间谍"后门"，但是苹果公司收集的信息显然超过了他们的需要，这些信息可能被情报机构或者恶意组织利用进行泄露隐私等危害用户权益的行为。如果这些信息中还涉及到商业秘密或国家机密，将会对整个社会的信息安全造成破坏。

（4）用户数据安全

苹果手机的 iCloud 云服务向用户提供位置、短信、通讯录、照片等信息备份功能，云端数据存储在境外服务器中，对于政府工作人员、军人和商务人士来说，可能会存在泄露商业秘密和国家机密的风险。

（5）越狱的安全隐患

iOS 越狱是针对 iOS 操作系统限制用户存储读写权限的破解操作。经过越狱的 iPhone 拥有对系统底层的读写权限，能够让 iPhone 手机免费使用破解后的 App Store 软件。

iOS 系统一旦"越狱"，iOS 系统的代码签名、沙盒等数据保护机制便失去了作用，用户数据完全暴露在攻击者面前。"越狱"过的用户，手机安全受到严重的威胁，用户更加容易受到恶意软件和其他病毒的影响，黑客也更容易获得更高的权限，从而对系统进行控制。iOS 系统在越狱后，其所实现的功能发生很大的变化，提高了用户权限，可以安装多种软件，可以对用户资料进行截获、跟踪和窃听，越狱前后功能对比如表 2-1 所示。

表 2-1　iOS 越狱前后所实现功能对比

功能	未越狱	越狱后
ROOT 权限	只有 R（只读）	权限是 RW（读写）
自启动运行	无法实现	可以实现
通话、短信拦截	无法实现	可以实现
GPS 后台追踪	需授权	无需授权
下载文件、文件管理	无法实现	可以实现

iOS 越狱多数是用户的主动行为，用户选择了使用过程中的功能性而牺牲了安全性，由此导致的安全威胁，只能依赖用户个体信息安全意识的提高来改善。

2.3.2　Android 系统安全分析

Android 系统是 Google 公司在 2007 年 11 月 5 日公布的手机操作系统，截至

移动互联网时代的智能终端安全

2015 年 10 月已发布到 6.0 版本。Android 系统基于 Linux 内核，是一种自由的开源代码的操作系统，可以说是发展最为迅速的操作系统。Android 系统的安全机制是在 Linux 安全机制的基础上构建的，但 Android 系统以开放性为主，无论是应用程序数字签名方式、权限控制、发布渠道、应用程序审核等都是开放性设计，因此 Android 平台成为恶意软件和病毒攻击的重要对象，面临的安全问题更为严重。

（1）ROOT 权限泄露

Android 系统并未严格限制开发者或者用户获取 ROOT 权限，ROOT 权限是系统最高级别的操作权限，可以对手机中的任意数据和文件进行操作。如果被恶意软件获取 ROOT 权限，将会造成用户隐私泄露并遭受恶意扣费、资源消耗等各种恶意行为的侵害。

（2）版本碎片化问题

随着 Android 设备的增加，各种品牌、版本、屏幕分辨率以及不同硬件和定制 ROM 使 Android 面临碎片化的问题。这不仅造成了开发者繁重的适配工作，还使信息安全问题更加难以解决。目前甚至还存在着相当比例的 2.1、2.3 等老版本 Android 系统，不具备最新的安全功能，这类设备遭受恶意软件骚扰和网络攻击的风险急剧增加。

（3）开放的应用分发方式

应用商店原本应作为手机病毒传播的第一道屏障，但 Android 应用传播可以说完全脱离了应用商店的限制，Android 系统对于应用的来源并未做出严格要求，允许任意未知来源的应用下载和安装。Google 官方 Google Play Market 应用商店市场占有率有限且在我国未开展业务，而第三方应用商店由于缺乏有效的监管，因此更多基于互联网传播的应用被注入恶意代码。应用分发过程的开放性造成

Android 应用质量不可靠的问题，安全性无法得到保证。

2.4　应用软件安全威胁

智能终端可以通过下载和安装应用软件来扩展终端功能，为用户提供扩展服务。但是目前用户对应用安全威胁的认知不够，整个移动应用规模极大而质量良莠不齐，整个移动互联网产业链对应用软件的管理和认证投入不足，造成了各类恶意应用软件的广泛传播。

（1）木马软件

如"微信鬼面"手机木马，通过伪装成微信支付功能，接收木马作者的短信指令使中招手机向外发送短信，还能将中招手机收到的短信转发给木马作者。还有针对通讯录的手机木马，会遍历中招手机的通讯录向所有联系人群发短信，或在后台私自发送付费信息。

（2）钓鱼链接和电信欺诈

暗藏钓鱼链接的消息经红火的社交软件频繁现身网络，不少网友在抽到"中奖"后根据提示输入个人身份和账号信息，最终遭受极大的经济损失。还有模拟电话号码、窃取他人微信账号，并假冒熟人进行的诈骗也越来越多，避免这类安全问题的关键只能是提高个人安全防范意识，避免上当受骗。

（3）反编译、应用仿冒

Android 平台仅要求应用软件开发者自签名，且不对签名的真实性进行验证，造成基于 Android 平台开发的应用软件签名真实性无法保证、软件信息无法溯源，再加上 Java 应用易于反编译，许多应用在分发环节被反编译并被植入恶意代码或广告，之后仿冒原应用在网络流传。

另外，Android 系统爆出的假 ID 漏洞，系统针对应用的签名 ID 被黑客仿冒后，可以仿冒该应用而获取相应的权限和信息，如冒充 Google 钱包获得付款和财务数据、冒充 Adobe 应用获取用户某些敏感文档数据等。

（4）隐私数据窃取

窃取隐私数据包括应用将未经用户确认的隐私数据收集或泄露，以及恶意篡改用户数据等行为。

终端应用大多存在过度申请权限的问题，在功能之外收集用户通讯录、通话记录、短信、位置信息等隐私数据，造成泄露风险。还有木马病毒等恶意应用，直接以窃取用户隐私数据、窃取用户金融资产为目的。如一款名为"隐私洗劫器"的木马，可伪装成 Facebook 安全令牌等手机安全软件，窃取中招者的银行验证码、通讯录等大量隐私；一款名为"窃听大盗"的手机木马，偷录用户的通话、调用摄像头偷拍周边环境、定位用户位置等。

（5）恶意吸费

应用在用户不知情或未授权的情况下，通过自动拨打付费电话、发送业务订阅短信、频繁连接网络等方式，导致用户资费损失。相当比例的用户资费争议最终都被证明是由于用户终端中被植入了恶意吸费应用。

应用安全需要用户和行业的共同努力。用户方面，提高应用安全意识，主动拒绝安装和使用不明来源的应用；行业方面，加大安全宣传，加大应用安全检测的投入，进一步完善应用商店建设，使应用商店切实起到应用安全规范化引导、遏制恶意代码、违规内容及盗版软件传播，推动建设健康的移动互联网生态系统的作用。

2.5　云端服务安全威胁

云端服务具有高度分布式、高度虚拟化的特点，对个人用户而言，将信息的存储和计算放在云端，可降低自身存储和计算资源有限所带来的很多约束。伴随着移动网络传输速度的进一步提升，服务云端化已呈趋势。

云端服务如不能有效地管理加密信息、认证代码和接入权限，可能会带来诸如数据丢失和泄露的问题，且危害范围更大。如 2014 年 5 月，乌云漏洞报告平台证实，小米论坛官方数据库泄露，涉及 800 万使用小米手机、MIUI 系统等小米产品用户的大量用户资料被泄露。2014 年 9 月初，据美国新闻网站 BuzzFeed 消息，黑客攻击了苹果的 iCloud 账号，获取了多位好莱坞女星的私密照片并在网上流传。

造成云端服务安全问题的主要原因有：认证、授权和审计控制不足、加密或认证密钥的使用不统一、操作失败、处理不当、管辖权和政治问题、数据中心的可靠性以及数据恢复策略不完善等。

为提高安全性，云端服务应设计相应的安全机制以保护用户数据的机密性、完整性和可用性，并需要使云服务器的执行具有高度的可信性。

2.6　移动网络安全威胁

移动互联网面临的网络环境，主要包括移动网络接入、Wi-Fi 热点接入等。

随着 4G 网络的部署和商用，国内的移动通信网络将长期处于 2G、3G、4G 多种制式长期共存的态势。相对来看，早期的 2G 网络存在一定的安全缺陷，由于系统只对无线信道加密，不是端对端的加密，用户信息在 Abis、A 接口上的明文传输时可能被截取；只有网络对用户的单向身份认证，无法防止伪造网络设备（如基站）的攻击；移动台第一次注册和漫游时，IMSI（International Mobile Subscriber Identification Number，国际移动用户识别码）以明文方式发送到网络，被监听后手机会被克隆。2G 网络存在多数技术缺陷在 3G 时代得到修正，如改进密钥安全算法、采用双向认证、提高数据完整性和机密性保护等。移动网络的安全策略，大多是基于国际通信标准的进度部署和应用，网络安全性方面整体呈现逐步提升的趋势。

Wi-Fi 非常适合移动办公用户的需要。Wi-Fi 本身是无线局域网的范畴，由于设计满足近距离接入的使用场景，其安全策略设计弱于移动网络。技术上，Wi-Fi 面临地址欺骗和会话拦截的问题，非法用户通过侦听手段会获得合法 MAC 地址而发起恶意攻击，或者侵入网络伪造身份拦截局域网内的会话信息。

典型的网络安全问题有伪基站、不安全 Wi-Fi 热点等。

伪基站问题，即使用伪基站设备，伪装成运营商的基站，冒用他人手机号码强行向用户手机发送诈骗、广告等非法短信。伪基站问题利用了 GSM 网络的安全设计缺陷，解决伪基站问题的核心是加强通信业立法，联合公检法等行政力量打击诈骗等违法行为。

Wi-Fi 热点也可能存在巨大的安全隐患：公共场所的免费 Wi-Fi 热点可能是钓鱼陷阱，家用 Wi-Fi 可能被轻松攻破，网民可能面临个人敏感信息被盗，甚至造成直接的经济损失。用户应提高安全意识，慎用公共场所 Wi-Fi 热点，注意个人敏感信息保护。

整体来看，移动网络自身的不断演进，以及移动网络与 WLAN、WiMax（Worldwide Interoperability for Microwave Access，全球微波互联接入）等其他无线网络的异构融合都伴随着网络安全体系与机制的不断发展与完善，从技术角度对身份认证机制、数据完整性保护、空口加密机制、用户身份保护、网络信息安全交换、终端安全接入等均有相应的安全策略部署。

2.7　小结

在移动互联网快速发展的时代，网络无处不在、无时不在，网络与民众的生

活息息相关。移动智能终端和移动互联网的信息安全将会面临更加严峻的挑战。

从目前的数据和发展趋势可以预测，未来的移动互联网安全攻防仍将围绕移动智能终端展开。未来的移动智能终端将会越来越开放和智能，承载更多有价值的用户信息，也会承载更多办公、支付等业务功能，体现更大的商业价值。巨大的群体规模和经济利益将会刺激针对移动智能终端的恶意行为继续增长。在使用过程中，移动智能终端在硬件、操作系统、应用软件、云端服务和移动网络方面面临着无处不在的安全威胁，这需要终端与移动互联服务提供商、与平台、与网络等各方面采取协同的安全措施来应对。同时，移动智能终端用户也应提升自身的安全防护意识，主动规避各类安全威胁。

硬件安全技术

3.1　概述

传统互联网应用为提高安全性，最终很多都收敛为基于硬件的安全方案，如银行系统的客户证书，即通过颁发一个实体的 USB key 硬件进一步验证用户身份，为用户提供安全服务。从另一角度不难猜想，用户或某些安全行业更信赖基于物理硬件的安全使用体验。

硬件安全对智能终端安全同样重要。智能终端的硬件系统，是一个包含了应用处理器（AP）、Modem、内存、电池管理单元（PMU）、屏幕、摄像头、传感器、电池、天线等丰富配件的复杂集成系统。在硬件设计层面加强安全性设计，虽然存在缺乏灵活性、加重系统开销、增加系统功耗等缺点，但考虑到可以建立更为可靠的系统安全基础，显著提高终端安全性，得到某些成本不敏感的行业用户的青睐。

主芯片层面，ARM 公司近几年在大力推广其 TrustZone 安全架构，通过在芯片层引入一个小型安全系统实现应用层面和关键数据的安全管理和隔离，提供一套完整的主芯片安全解决方案；在防刷机和安全启动角度，芯片厂家和手机厂家也从硬件层入手提供了安全启动解决方案；其他专业芯片、加解密芯片等，也逐步在硬件设计时被使用；结合安全的硬件架构设计，增强终端硬件安全性。

同时，面向国家信息安全要求，政府在国家产业策略上一直在大力支持相关硬件的自主化，突出自主可控安全特征。

3.2　主芯片安全技术

3.2.1　TrustZone 安全技术

ARM TrustZone 技术是芯片级的安全解决方案，通过在 CPU 内核的设计中集成系统安全性扩展，同时提供安全软件平台，为安全支付、数字版权管理（DRM，Digital Rights Management)、企业服务等应用提供了安全的运行环境。TrustZone 技术与 Cortex-A 处理器紧密集成，并通过 AMBA（Advanced Microntroller Bus Architecture，先进微控制器总线架构）总线和一系列的 TrustZone 系统 IP 块在系统中进行扩展，可以保护安全内存、加密块、键盘和屏幕等外设，确保它们免遭软件攻击。TrustZone 技术是 ARMv6 内核架构下的重要扩展特性之一，为设计具有高度安全性的嵌入式系统提供了坚实的基础。

TrustZone 将硬件和软件资源划分为两个执行环境：安全世界（Secure World）和普通世界（Normal World）。不同执行环境的系统软件和应用软件、内存区和外围设备等均相互独立。TrustZone 的硬件逻辑，使安全世界的资源与普通世界隔离，不能被普通世界的组件访问。把敏感资源放在安全世界，能保护绝大多数的资源免受很多潜在的攻击，包括一些很难保证安全的操作，如用键盘或者触摸屏输入密码。普通世界和安全世界的代码以分时共享的方式在同一个物理处理器核上运行，使其不需要专用的处理器内核来执行安全代码，节省了芯片面积和能耗。

3.2.1.1 TrustZone 硬件架构

TrustZone 的硬件架构如图 3-1 所示，其核心包括处理器内核、直接内存访问 (DMA, Direct Memory Access)、安全 RAM、安全启动 ROM、通用中断控制（GIC, Generic Interrupt Controller）、TrustZone 地址空间控制器（TZASC, Trust Zone Address Space Controller）、TrustZone 保护控制器、动态内存控制器（DMC, Dynamic Memory Controller）和 DRAM（Dynamic Random Access Memory，动态内存控制器），TrustZone 内部组件通过 AXI（Advanced eXtensible Interface，先进的可扩展接口）系统总线通信，与外设通过 AXI-to-APB 桥通信。

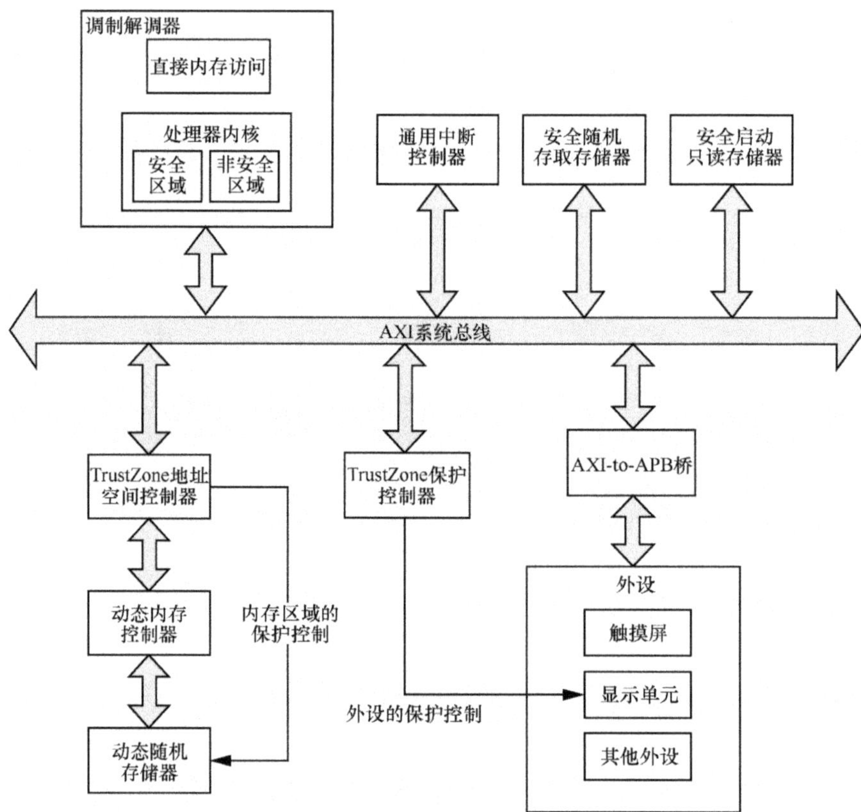

图 3-1　TrustZone 硬件架构

TrustZone 硬件架构通过系统安全性、处理器内核安全性、调试安全性 3 个方面的安全性扩展确保系统整体的安全性。

（1）系统安全性

TrustZone 隔离了所有 SoC（System on Chip，系统级芯片）硬件和软件资源，划分为两个执行环境，即用于安全子系统的安全区域以及用于存储其他所有内容的普通区域。TrustZone 通过 AXI 和 APB 实现了硬件资源的区域分离，并通过 AXI 总线的硬件逻辑确保普通区域的组件无法访问安全区域的资源。将敏感数据存储在安全区域，将安全软件运行在安全处理器内核中，确保敏感数据存储和访问免受攻击，如使用键盘或触摸屏输入密码等难以防护的攻击。

TrustZone 架构的总线结构中，AXI 是一种面向高性能、高带宽、低延迟的片内总线，用于连接高速设备；APB 是一种低门数、低带宽的外设总线，用于连接低速设备，APB 通过 AXI-to-APB 桥连接到 AXI 系统总线上。AMBA 协议是用于连接和管理片上系统中功能块的开放标准和芯片互连规范，TrustZone 使用的 AXI 总线和 APB 外设总线均遵循 AMBA3 协议。

为支持 TrustZone 技术，AMBA3 AXI 系统总线在每个读写信道都增加了一个额外的控制信号，称作非安全位（NS 位）。当主设备向总线提出读写事务请求时，必须将控制信号发送到总线上，总线从设备的解码逻辑解释该控制信号，允许安全主设备对安全从设备的访问，并拒绝非安全主设备对安全从设备的访问，依据外设的硬件设计和总线配置，从设备或总线可以产生错误访问的状态信号。

TrustZone 架构通过 AMBA3 APB 外设总线提供了保护外设安全性的特性，包括中断控制器、时钟及用户 I/O 设备。相比仅仅保护数据安全，TrustZone 架构的安全世界可以解决更广泛的安全问题。安全中断控制器和时钟允许非中断安全任务来监控系统，安全时钟源保证了 DRM 的可靠性，安全键盘保证用户输入密码的安全性。为了使现有 AMBA2 APB 外设与实现 TrustZone 技术的系统兼容，APB 总线没有带对应的 NS 位，而由 AXI-to-APB 桥负责管理 APB 外设的安全。AXI-to-APB 桥会主动拒绝异常的安全设置事务请求，而不会把请求发送给外设。

（2）处理器内核安全性

通过 ARM 处理器内核的扩展，普通区域和安全区域的代码能够以分时的方式安全有效地运行在同一个物理处理器内核上，不需要使用专用安全处理器内核，在保证处理器内核安全的同时兼顾了芯片面积和能耗。

目前 ARM 主流产品，如 ARM Cortex-A5、ARM Cortex-A7、ARM Cortex-A9 等处理器均已支持前述处理器内核安全扩展。

在处理器架构上，每个带 TrustZone 安全扩展的处理器核都提供两个虚拟核：安全核和非安全核。它们分属不同的执行环境安全区域和非安全区域，如图 3-2 所示。同时处理器引入了一个特殊的机制——监控模式，负责不同执行环境间的切换。非安全核仅能访问非安全系统资源，但安全核能访问所有资源。

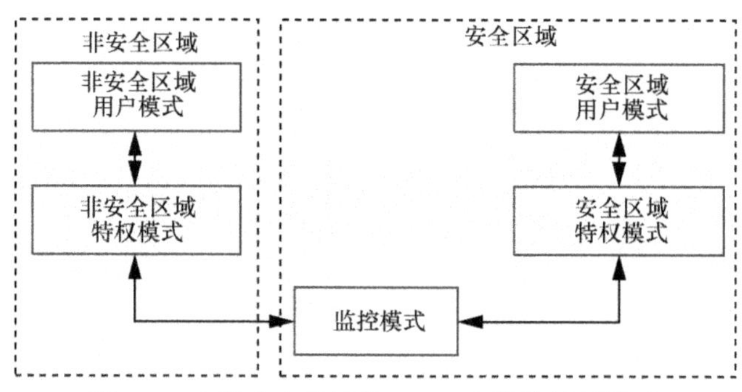

图 3-2　实现安全扩展的 ARM 内核的运行模式

ARM CP15 协处理器中引入一个安全配置寄存器（SCR），该寄存器中有一个 NS 位，NS 位表明当前处理器所处的安全状态：0 代表安全态，1 代表非安全态。安全配置寄存器中的 NS 位是 TrustZone 对系统所做的关键扩展，该 NS 位不仅可以影响 CPU 内核和内存子系统，还可以影响片内外设的工作。

当 ARM 处理器处于特权模式工作状态，即系统模式（sys）、中断模式（irq）、快速中断模式（iq）、管理模式（svc）、数据访问终止模式（abt）或未定义指令终止模式（und）时，可以读写安全配置寄存器，而在用户模式（usr）时不允许读写。

NS 位只能被运行在安全态且处于特权模式的软件改变，系统在非安全态时不能访问 SCR 寄存器，通过 NS 位的状态控制处理器安全状态的切换。

在 TrustZone 处理器中同时引入了一个特殊的模式——监控模式。监控模式是一种特殊的安全状态，当系统处于监控模式时，不管 NS 位是否为 0，都可以访问安全世界的资源。从非特权模式到特权模式只能通过异常来进行，与该过程类似的，从非安全态到监控模式也是通过异常进行的。从非安全状态可以通过 3 种异常进入监控模式：执行 SMC（Secure Monitor Call，安全监视调用）指令、外部中止、FIQ（Fast Interrupt Request，快速中断请求）和 IRQ（Interrupt Request，中断请求）。监控模式还负责实现两个虚拟核之间切换时的上下文备份和恢复。

监控器可以在没有任何执行环境的代码帮助下直接捕获 FIQ 和 IRQ，当执行流到达监控器的时候，监控器能将中断请求路由到相应的中断处理程序与安全中断控制器结合起来，从而让安全中断源发出的中断不被普通世界软件操作。

ARM 推荐使用 IRQ 作为普通世界中断源，FIQ 作为安全世界中断源。如果中断发生在相应的执行环境，则不需要进行执行环境的切换；如果中断发生在另外的执行环境，由监控器控制切换执行环境。一般情况下在执行监控器代码的时候应该关闭中断。同时在 CP15 协处理器中还引入一个配置寄存器以防止普通世界的恶意软件屏蔽安全世界的中断。

内存管理是实现安全管理的另一关键技术。TrustZone 技术的内存管理，通过对一个增强的内存子系统 MMU（Memory Management Unit，内存管理单元）和

Cache 增加相应的控制逻辑实现。

ARM 处理器中一级存储系统的主要部件就是内存管理单元，用来将程序和数据的虚拟地址转换为物理地址。页表描述了虚拟地址到物理地址的映射关系，以及每一页的访问权限和 Cache 属性。在有 MMU 但是没有 TrustZone 安全扩展的 ARM 内核中，只有一个页表基地址寄存器，通过特权模式代码重写页表基地址寄存器，使其重新指向一个新的页表来提供多个独立的地址空间。在 TrustZone 安全扩展处理器中，有两个页表基地址寄存器，不同安全状态使用不同的页表基地址寄存器，相当于有两个虚拟 MMU，每个虚拟 MMU 分属不同的虚拟核，使每个执行环境有一个本地页表集，各个执行环境的虚拟地址到物理地址的转换是独立的，在切换执行环境时不需要切换页表。

高性能设计能够在 Cache 中同时支持安全模式及普通模式的数据缓存，是一个非常有用的特性。这样，在两种模式切换时不必刷新缓存，进而提升软件在这两种模式间通信时的性能。为了实现这种特性，L1、L2 等各级处理器缓存需要为 Tag 域增加一个 NS 位，用来标识这一行的安全状态。无论 Cache 行的安全状态如何，只要没被锁住，都可以被换出到主存中，为新的缓冲数据留出存储空间。

TrustZone 技术中使用协处理器实现处理器扩展功能，ARM 协处理器附属于 ARM 处理器，通过扩展指令集或提供配置寄存器来扩展内核功能。CP15 协处理器是 TrustZone 技术中使用的最重要的 ARM 协处理器，用于控制 Cache、TCM 和存储器管理。协处理器通过设置某些寄存器实现普通世界和安全世界的工作协同。其中某些寄存器是有备份的，即普通世界和安全世界各有一个这样的寄存器，此时修改寄存器只会对它所在执行环境起作用；有的协处理器寄存器是没有备份的，对它的修改会影响到全局，如控制对 Cache 进行锁定操作的寄存器。对这种全局寄存器的访问必须严格控制，一般只对安全世界提供读写权限，而普通世界只能读取。

（3）调试安全性

通过安全感知的调试结构对安全区域的调试进行严格控制，而不会影响普通区域的调试。

3.2.1.2　安全软件架构

TrustZone 硬件架构将新的安全扩展特性应用于 CPU 内核之中，为建立安全执行环境提供了硬件基础，操作系统厂商、手机制造商和芯片厂商可以根据自己的安全需求，在一个可共用的硬件框架之上扩展和开发不同的安全解决方案。

ARM 同时提供了一个典型的安全软件架构，如图 3-3 所示。安全软件架构包括安全世界、普通世界两个区域，通过监控器实现两者的切换。目前的绝大多数解决方案都是严格基于此架构实现。

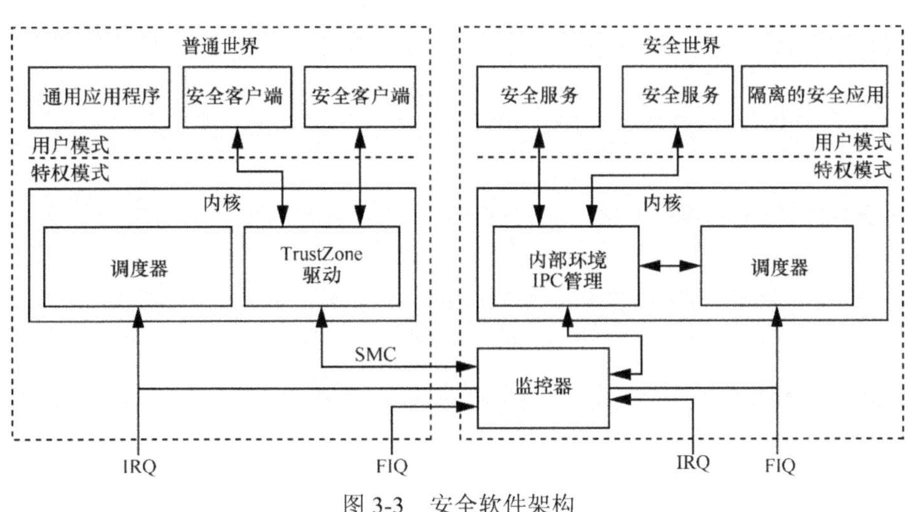

图 3-3　安全软件架构

TrustZone 的安全软件架构设计基于智能终端的使用模式，包含安全启动、监控模式、TrustZone API 3 个方面。

（1）安全启动

TrustZone 软件安全启动过程如图 3-4 所示。在系统初始化时，在安全特权模式下从片内安全引导代码区启动，采用这种方式以避免 OS 被攻击。片内安全引导代码完成系统安全状态的设置，然后引导 OS 启动。在 OS 启动的每一个阶段，功能模块均需通过验证才允许加载。通过检查保存在安全域内的签名可以保证 OS 引导代码的完整性，避免终端设备被非法重新硬件编程。

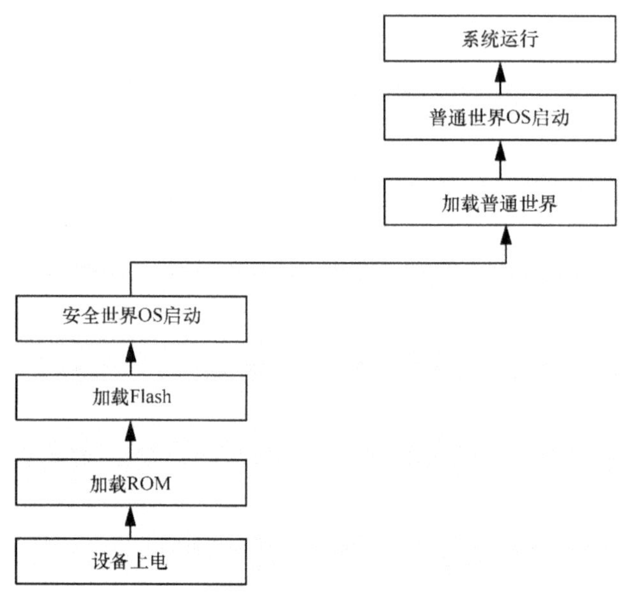

图 3-4　TrustZone 软件的安全启动顺序

（2）监控模式

TrustZone 监控器实现软件系统在安全世界和普通世界之间的切换管理。

如前所述，普通世界的应用程序可以通过 3 种异常进入监控模式：执行安全监视调用 SMC 指令、外部中止、FIQ 和 IRQ。

典型的切换过程如下。当普通世界的应用需要切换到安全世界的服务时，首先切换到普通世界的特权模式，在该模式下调用 SMI，处理器将切换进入监控模式；监控模式首先备份普通世界的运行时环境和上下文，然后进入安全世界的特权模式，再转换为安全世界的用户模式，此时的运行环境为安全世界的执行环境，可以执行相应的安全服务。

上述过程包括普通世界和安全世界的切换，以及用户模式和特权模式的切换。执行环境的切换只有在各自世界的特权模式下才能实现，但应用的调用关系只能在用户模式下执行，避免应用越权使用系统级别的调用。

监控模式中的代码实现两个虚拟运行世界的上下文备份和恢复。CP15 协处理器中的安全状态寄存器 SCR 的 NS 位标志着当前处理器所处的安全状态，该寄存器不允许被普通世界的应用访问。由于监控器负责环境切换时对状态的存储和恢复，所以执行环境的切换不需要在各自系统中增加环境切换代码。

TrustZone 通过优化中断向量表的设计避免恶意中断攻击，并满足必要的执行环境切换需求。TrustZone 把中断向量表分成两部分：安全的中断向量表置于安全存储器，而且指向安全的中断处理程序；非安全的中断向量表和处理程序置于普通存储器中，以避免某些恶意程序修改安全的中断向量表和处理程序或其他通过非法手段进入安全世界。

处理器执行完安全任务后，TrustZone 监视器最后还要执行一遍 SMI 指令，其目的在于清除 CP15 的 NS 位。监视器还会将之前的内容重新存回所有寄存器，使处理器恢复到之前的非安全状态。通过这种恢复机制，所有安全世界中的指令和数据还是原值，未受任何的修改，这也是安全世界之所以安全的关键。

（3）TrustZone API

TrustZone API 为希望获取安全保护的应用程序提供了一个标准接口，定义了运行在普通世界中的客户端与安全世界之间交互的接口，应用程序必须通过调用 TrustZone API 才能被允许进入安全世界。应用使用 TrustZone API 能够与一个独立于实际所在系统的安全部件进行通信，使开发者能够专注于应用程序本身的功能和性能，并且缩短开发周期，同时保证应用的安全性。

但是，希望使用 TrustZone 提供安全保护的应用程序必须根据它们运行的安全平台进行重写，导致市场被过度细分，制约了应用程序与服务之间良好的生态环境的形成。

TrustZone API 基本结构如图 3-5 所示。

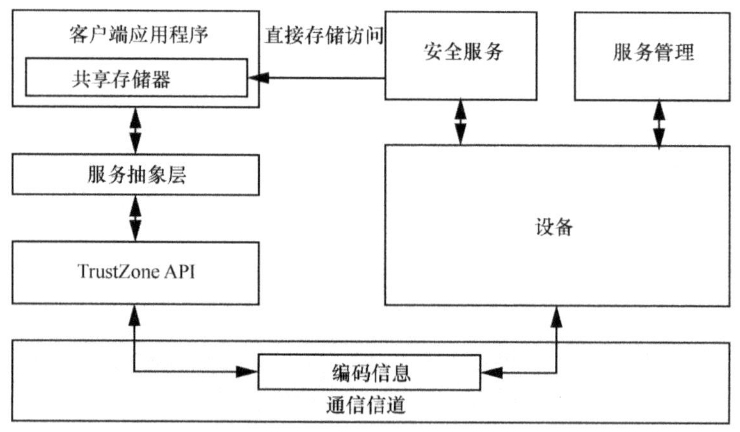

图 3-5　TrustZone API

客户端包括应用程序和 Service Stub 服务抽象层，调用普通世界下的 TrustZone API 呼出，通过 TrustZone 交互机制传送给安全世界下的服务管理器和安全服务。

大部分的 API 函数都设计为客户端程序与安全服务间的沟通桥梁，两者通过结构体信息（Structured Messages）及共享内容（Shared Memory）这两个机制形成通信信道。当传递的信息量较小时，可通过结构体信息来传送及沟通；而当传递的信息量较大时，则会直接将客户端的 memory 映射到安全服务区的 memory 空间，然后通过该 Share Memory 作为客户端与服务端之间直接存取信息的缓冲区。

3.2.2　SecureBoot 安全启动技术

由于厂家版本的 OS 大多嵌入了相当数量的厂家生态应用，同时不明来源的系统镜像和不可靠的刷机是系统风险引入的一个重要途径，多数手机厂商希望用户能保留和使用厂家的 OS 版本。另外，有的恶意病毒会通过从定向系统启动位置引入安全风险，由此提出了系统安全启动技术。

安全启动技术的逻辑大同小异，本节以展讯的 SecureBoot 为例说明。

展讯的 SecureBoot 安全启动技术采用多级认证的机制，建立了自底向上的可信启动过程。SecureBoot 对系统软件采用签名认证的方式，在手机出厂前对手机操作系统的 Image 文件进行签名认证，计算签名文件的散列值并写入芯片的一次性可编程模块。手机每次启动时先校验系统的散列值，然后对签名 Images 逐级校验，实现从手机芯片到系统软件的链式校验过程。防止非授权更改甚至替换手机原版操作系统中固件或者操作系统，避免手机出厂后没有得到客户签名认证的非授权操作，保护手机中原有的操作系统和软件版本。

SecureBoot 在启动过程中从 Rom Code 到 Images 采用了多层链式校验机制；包括对 RomCode 的散列校验，对 SPL 的完整性的 RSA 校验。需要注意的是，RSA 私钥是 SecureBoot 的保障，需要小心保存。

SecureBoot 安全启动流程如图 3-6 所示。

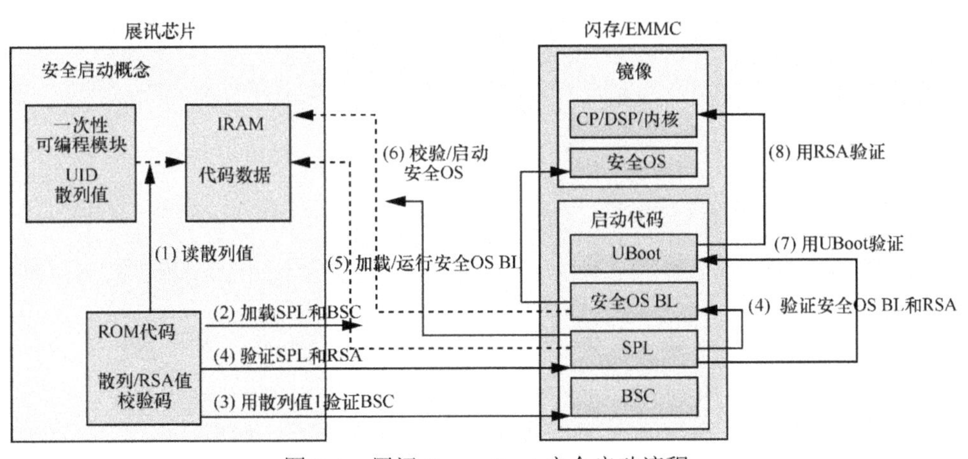

图 3-6　展讯 SecureBoot 安全启动流程

SecureBoot 安全启动的流程如下。

（1）ROMCode 读取存储于一次性可编程模块中 BSC（Base Station Controller，基站控制器）的散列值和 UID（User Identification，用户身份）。

（2）加载 SPL（Second Program Loader，第二次装载系统）和 BSC。

（3）RomCode 利用散列函数来验证 BSC 的完整性。

（4）RomCode 利用 RSA 算法来验证 SPL 的完整性。

（5）加载和运行安全操作系统引导程序。

（6）验证和运行安全操作系统。

（7）SPL 利用 RSA 算法验证 UBoot。

（8）UBoot 利用 RSA 算法验证 bootimage、recoveryimage、modem、sp 等。

3.3　加密芯片

在基础硬件具备自主可控的能力之后，在上层应用方面进行必要的安全加固就成为了终端安全的主要工作，其中硬件加密工作作为应用安全加固的基础工作之一，加密芯片是不可或缺的加密硬件。在 U 盾、智能卡、读卡器、加密板卡等产品中，以及网上银行、移动支付、数据安全、保密通信、版权控制和智能电网等领域，加密芯片都作为其中的一个重要的基础安全功能单元被广泛使用。

从定义上说，加密芯片是一个具备独立生成密钥以及数据加解密能力的集成电路芯片，实现多种密码算法，使用密码技术保存密钥和敏感信息。加密芯片内部拥有自己的 CPU 和存储器，用于加解密计算、存储密钥和敏感数据，为加密产品提供数据加解密和认证的服务。使用加密芯片进行加密的产品，由于密钥和加密数据被存储在加密芯片中，难以从外部窃取和解密，这样也就实现了保护数据安全的目标。

截至 2015 年 6 月，国家密码管理局已经认证了 100 多款国产的商用密码加密芯片产品。根据国家密码管理局商用密码检测中心发布的《安全芯片密码检测准则》，加密芯片被划分为 3 个安全等级。其中，安全等级 1（最低等级）要求芯片能够应用在可以保证物理安全和输入输出信息安全的场合；安全等级 2 和安全等级 3（最高等级）则要求芯片能够应用在无法保证物理安全和输入输出信息安全的场合，这就要求芯片必须具备相应逻辑和物理保护措施以保护敏感数据。

无论是何种等级的加密芯片都需要具备真随机数的生成能力，这就要求安全芯片必须具备根据电压、温度、频率等物理随机源直接生成随机数或者直接生成随机扩展算法的初始输入的能力。

在具备真随机数生成能力的基础上，加密芯片也必须要具备实现密码算法的能力，对于安全等级 2 和安全等级 3 的加密芯片，要求密码算法必须在专用硬件模块上实现。对于国家密码管理局认证的商密加密芯片产品，必须要使用国密算法，如分组密码算法中的 SM1 算法和 SM4 算法，公钥密码算法中的 SM2 椭圆曲线算法，杂凑密码算法中的 SM3 算法，序列密码算法中的祖冲之（ZUC）算法。对于分组密码算法，加密芯片一般都支持 ECB（Electronic Codebook，电码本工作模式）和 CBC（Cipher-block Chaining，密码分组链接工作模式）模式。

对于安全等级 2 和安全等级 3 的加密芯片，由于可能工作在无法保证物理安全和输入输出信息安全的场合，因此需要具备防护各种攻击的能力，包括计时攻击、能量分析攻击、电磁分析攻击和故障攻击等，也需要具备密钥和敏感信息的自毁能力，以保证信息不被泄露。

对于一般的商用密码加密芯片产品，通常会采用国密算法，这些国密算法一般是在有限范围内公开，多数仅通过硬件加密模块实现，保证了一定级别的安全性。而对于有更高安全要求的专用密码安全芯片，如应用在一些军用或者国家机密场合的安全芯片，技术实现原理与商用密码安全芯片类似，但是会使用不公开的加密算法以达到更高的安全级别。

对于有着一定安全级别要求的保密场景，手机终端可以使用加密芯片对终端的应用数据进行加密存储和加密传输。如对于用户通信使用的电话、短信这些基础业务，可以通过加密芯片以及终端的必要改造实现通信数据的加密传输，运营商可以为有需求的用户提供加密通信的业务来保证用户通信的安全。随着移动互联网的发展，手机不再仅是一个通信工具，而是具备了移动电子商务、移动支付、移动互联网金融、移动政务、移动执法、移动办公等多种功能的智能终端，通过加密芯片以及相应应用的必要改造也可以对用户的这些个人信息、商务信息以及金融信息实现安全防护。

3.4　SIM 卡安全技术

SIM（Subscriber Identity Module，用户识别模块）和 USIM（Universal Subscriber IdentityModule，全球用户识别模块）都是在 UICC（Universal Integrated Circuit Card，通用集成电路卡）卡上的网络接入应用，移动终端需要通过 UICC 卡上的 SIM 应用或者 USIM 应用作为用户身份标识登入运营商网络。也就是说 UICC 是物理实体卡，而 SIM 或者 USIM 则是卡上的应用，但是在日常使用中为了简化起见，通常将搭载了 SIM 模块的 UICC 卡称为 SIM 卡，将搭载了 USIM 模块的 UICC 卡称为 USIM 卡。SIM/USIM 卡都是存储用户的一些签约数据和鉴权密钥等信息，用于用户终端接入网络时的身份认证。

SIM 卡通常应用于 2G 网络，采用单向鉴权，USIM 卡通常应用于 3G/LTE 网络，采用双向鉴权。由于双向鉴权有效提升了安全性，加上目前 USIM 卡能够搭载多个 UICC 应用，允许卡上业务的扩展，目前，USIM 卡成为了运营商主要发行的卡品。

USIM 卡作为用户在运营商网络中的身份标识，并且 USIM 卡携带鉴权使用的加密算法，因此，USIM 卡作为移动终端上一个低成本的安全硬件来使用，利用运营商为用户提供的可信身份标识为终端上其他应用提供安全认证的服务。另外 USIM 卡存储容量、访问速度的扩展也使 USIM 卡可以为终端提供一些敏感数据的安全存储服务。

目前，USIM 卡上运营商的身份标识只应用在用户接入运营商网络时的鉴权，而对于其他的业务并没有提供任何用户身份识别的能力。在移动互联网时代，USIM 卡可以通过开发身份认证应用扩展成为用户手中的信息应用枢纽和融合身份鉴权中心，为用户终端的各种应用业务提供统一的身份认证，发挥用户身份管理、应用安全访问的作用。USIM 统一认证服务架构示意如图 3-7 所示。

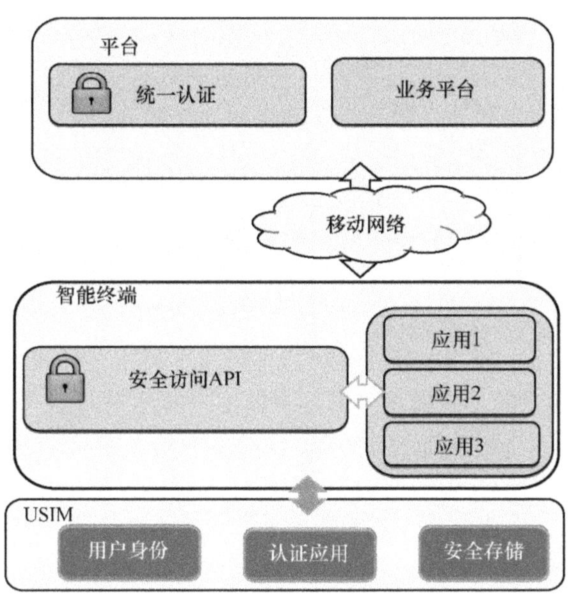

图 3-7　USIM 统一认证服务

运营商可以建立基于 USIM 卡的统一身份认证平台，为各种移动互联网应用业务提供用户身份验证的服务，同时在发行的 USIM 卡上建立用户身份认证的应用，也为手机终端提供相应的安全访问 API。手机终端上的应用可以调用安全访问 API 从 USIM 卡上读取用户身份认证信息，使用 USIM 身份认证信息登录应用服务端，应用服务端使用接收到的 USIM 身份认证信息向运营商的统一身份认证平台请求验证身份。身份验证通过后，运营商的统一身份认证平台向应用客户端调用安全访问 API 发出应用授权请求，同时向应用服务端发出验证通过的响应。这样，应用服务端就完成了对客户端的用户身份验证，保护了后续的业务访问安全。

USIM 卡作为用户使用手机终端的必备硬件，成本低廉，又具有运营商发行管理的用户可信任认证标识。运营商可以建立基于 USIM 卡的统一管理平台，通过开放 API，实现多种移动互联网应用的身份认证功能，提升移动智能终端各种业务的整体安全性。

除了发挥 USIM 卡作为网络鉴权以及用户身份管理、应用安全访问的身份认证能力之外，运营商还希望拓展 USIM 卡的信息存储能力和应用呈现能力，改进 USIM 卡应用的运行环境和业务体验水平，拓展以 USIM 卡为中心的自有业务平台和移动互联网应用运行环境，使 USIM 卡成为一个信息应用枢纽。中国联通尝试推出了大容量 USIM 卡产品，通过 IC-USB 技术，解决了卡的大容量数据存储、机卡接口速率瓶颈问题，构建了高效的卡应用运行环境，为 USIM 卡支持多种创新应用如移动支付、云存储等提供了技术解决方案。

3.5　NFC 安全技术

NFC（Near Field Communication，近场通信）是近距离非接触式的一种无线通信方式，非接触式感应和无线连接技术相结合，作用频带为 13.56 MHz，有效传输距离在 10 cm 之内。NFC 技术是在 RFID (Radio Frequency Identification，无线射频识别)基础上发展创新而来，其工作原理与 RFID 工作原理类似，是利用射频信号和电感耦合的传输特性，实现读卡器对标签的自动识别。电感耦合为利用变压器模型，依据电磁感应定律，通过空间磁场高频交变实现耦合。NFC 兼容现有的非接触智能卡技术，比其他近距离通信技术的传输距离更近，数据传输更安全，响应时间也更短，适用于电子钱包技术。NFC 技术除了在无线传输环境下能快速、安全地交易，还可以使各种设备间通过轻轻接触就实现快速、安全、自动的通信。

NFC 终端技术实现方案有全终端、SWP（Single Wire Protocol，单线协议）等，目前被业界广泛采用的主流方案是 SWP 技术方案。SWP 技术方案是将近场通信应用的用户安全模块（SE，Security Element）置于智能 USIM 卡中，而近场通信应用的业务逻辑、用户交互功能则通过 USIM 卡 STK/USAT 应用或终端客户端的方式实现。

NFC 技术体系架构如图 3-8 所示，共分为应用、平台、移动终端及用户卡 4 个部分。TSM（Trusted Service Management，可信服务管理）平台负责应用接入，对应用提供商、应用及用户卡进行管理；在跨 TSM 交互中，还负责提供路由及应用共享的服务。应用管理客户端是 NFC 终端上的应用管理综合门户软件，它通过与 TSM 平台的交互，向用户提供统一的用户界面，实现对用户卡及卡上应用的统一管理。SWP 卡是安全模块（SE）的承载设备，存储基础配置并提供基础功能，可搭载公交、银行、电子票、会员卡等多种应用，配合平台实现相应的应用及安全模块管理。卡中安全模块的应用和安全数据通过智能 USIM 卡 C6 管脚的 SWP 和 HCI（Human-Computer Interaction，人机交互）协议与终端进行交互。

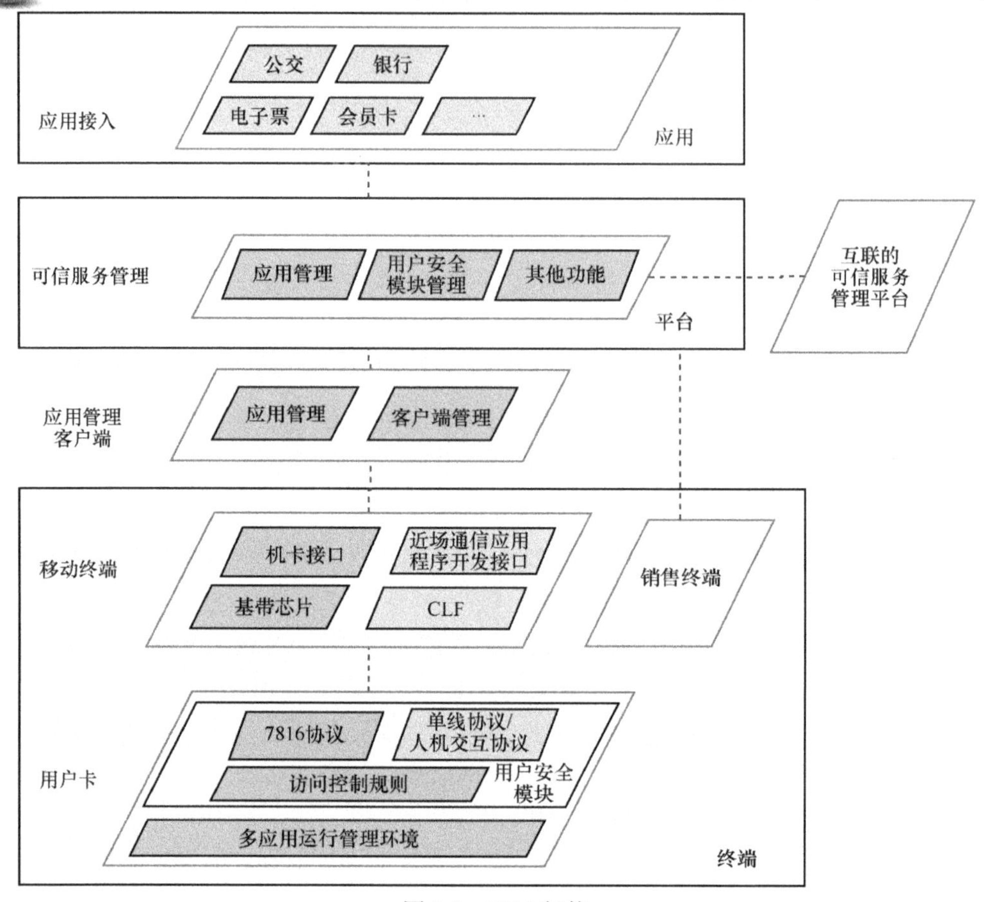

图 3-8 NFC 架构

　　在目前普遍应用的 NFC 架构中，TSM 为业务提供方（如银行）提供安全的发卡渠道，为业务提供方和用户卡之间提供安全可控的应用和数据下载机制；用户手机终端中需要插入支持 SWP 的 USIM 卡，卡上搭载的安全模块 SE 是存储应用、密钥及敏感数据的载体，对支付、身份认证等安全性要求高的应用必不可少。NFC 技术通信的有效距离为 10 cm 以内，可以有效地防止通信数据被其他接收器劫持、恶意读取或篡改数据，这个应用场景在很大程度上保证了 NFC 通信数据的安全。而支持 SWP 的 USIM 卡上搭载的安全模块 SE 支持 RSA 算法和 DES 算法，可以根据需要对通信数据进行加密，进一步保护数据安全。如在用移动终端进行近场支付时 POS 机和手机之间交互的交易信息，都是经过某种加密算法的运算后变成了密文进行传输，这样就保证了用户账户、交易信息等敏感数据的安全性。

综上，NFC 硬件和架构都具备较高的安全性，手机终端可以利用 NFC 硬件的安全能力来提升终端上多种应用的安全能力。

3.6　芯片自主化

根据中国互联网络信息中心（CNNIC）2014 年中期发布的《中国互联网络发展状况统计报告》，中国网民所使用的上网设备中，手机使用率已经高达 83.4%，已经超过了传统个人电脑的使用率 80.9%，手机已经成为中国网民所使用的第一大上网终端。因此，手机终端的安全问题，也成为中国网络安全所面临的一个重大问题。

目前手机终端主要是由基带（Baseband）芯片 Modem、应用处理芯片 AP、无线连接芯片（包括 Wi-Fi 芯片、GPS 芯片、蓝牙芯片、NFC 芯片，电源管理 PMU 芯片等）、天线、存储器 ROM 和 RAM、摄像头、屏幕、传感器、电池等一些其他器件组成，如图 3-9 所示。

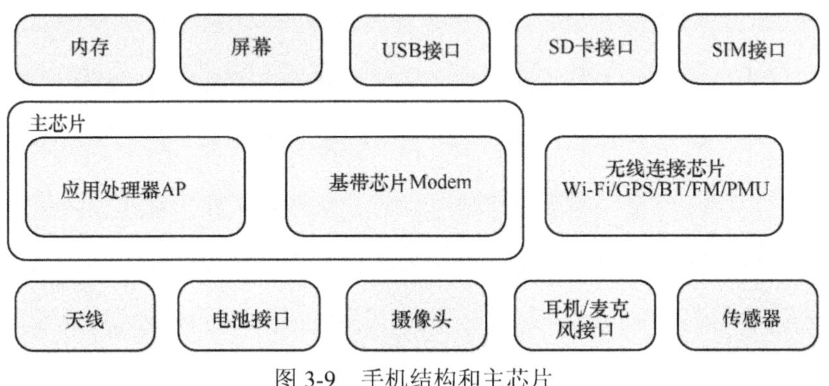

图 3-9　手机结构和主芯片

其中基带芯片 Modem、应用处理芯片 AP、无线连接芯片为手机提供了通信、计算处理、图像处理等核心功能。基带芯片 Modem 与射频前端 RF 配合，提供通信信号的调制解调功能，为手机提供基本的通信功能。应用处理芯片 AP 包括 CPU、GPU、DSP（Digital Signal Processing，数字信号处理），分别提供计算处理能力、图像、视频编解码处理能力，支持手机所安装应用的各种功能。无线连接芯片为手机提供 Wi-Fi、GPS、蓝牙、电源管理、NFC、FM 等基本功能。基带芯片、应用处理芯片和无线连接芯片作为手机的系统级芯片，也就是主芯片，决定手机的核心能力。

主芯片分为单芯片 SoC 和多芯片两种硬件解决方案，其中，单芯片 SoC 解决方案是指将基带芯片、应用处理芯片和无线连接芯片集成在一块芯片上，多芯片解决方案是指将基带芯片和应用处理芯片用单独的芯片实现。

目前，手机等移动终端设备更新换代很快，要求开发周期相应缩短，高集成度的 SoC 芯片解决方案就成为了手机终端厂商最青睐的主芯片解决方案，这也就要求手机芯片厂商需要提供单芯片的 SoC 解决方案，将基带芯片、应用处理芯片和无线连接芯片集成在一块芯片上，这不但能加快手机的研发速度，同时可节省手机内部的空间，使手机能够做得更轻更薄，提升用户体验。目前市场上大部分中低端手机产品都是基于 SoC 主芯片开发的。

手机的主芯片提供了手机的全部通信能力和信息处理计算的能力。因此，手机终端的安全就需要从主芯片安全上做起。如果手机的主芯片上有植入后门，那么无论在上层的操作系统或应用层做怎样的安全加固工作，都难以防止手机信息安全受到威胁。因此，具备自主芯片的制造能力是对于提升手机终端的安全能力具有重大意义。

在 2014 年的手机芯片市场上，高通和联发科均占据了 Android 手机市场超过 30% 的份额，而且都是以为用户提供终端整体解决方案的 SoC 芯片作为主打产品，三星也开发出了自己的基带芯片与原先三星已有的应用处理芯片相整合，占据了超过 20% 的 Android 手机芯片市场份额，可以说海外厂商在主芯片上已经占据了市场的优势地位。而国内的芯片厂商中，展讯已经提供了 LTE 的 SoC 芯片产品，并应用在不少国产手机厂商的手机产品中；华为海思也具备了 LTE 基带芯片和应用处理芯片的主芯片独立开发能力，并且已经应用在华为自己的手机产品上。

中国的自主主芯片虽然发展相对较晚，但是在技术能力上已经逐渐接近了国际先进水平，国家从整体网络安全的考虑也开始扶持国内相关芯片产业的发展。在 2015 年 2 月，国家集成电路产业投资基金宣布将向紫光集团旗下的芯片业务投资 100 亿元，紫光旗下的芯片业务主要是展讯和锐迪科两家芯片厂家，这一举动也表明了国家层面支持自主主芯片产业发展的决心。

自主主芯片为解决中国的手机安全奠定了基础，使操作系统和应用层的安全加固工作不至于成为空中楼阁。目前主芯片已经具备了完全自主化的能力，主芯片的性能与国际先进水平的差距也在不断缩小。

除了主芯片，终端安全加固需要的加密芯片也已经完全实现了自主化设计和生产，所使用的密码算法也都是国密算法，不存在恶意后门的风险。USIM 卡技术和 NFC 技术也都具备了完全的自主化能力。中国的自主芯片安全技术已经可以提供完整的安全终端硬件解决方案。

3.7　安全硬件架构

安全终端的硬件架构就是在普通手机的硬件架构基础上（安全手机硬件架构如图 3-10 所示），使用上述各种硬件安全技术进行增强的安全加固设计。例如对于主芯片，可使用 TrustZone 技术为特定的安全应用提供安全的运行环境，或者使用 SecureBoot 安全启动技术对系统软件采用签名认证的方式实现从手机芯片到系统软件的链式校验过程。也可以在终端上使用独立安全硬件，如在终端上增加加密芯片，为应用处理器和存储器提供服务，实现应用的数据安全存储和安全传输。此外，移动终端也可以使用运营商提供的安全 SIM 卡为终端上的一些应用提供统一身份认证，或者通过 NFC 安全技术提升一些应用的安全能力。这些硬件安全技术可以根据不同的安全场景和需求独立使用或者组合使用实现终端安全的最终目标。

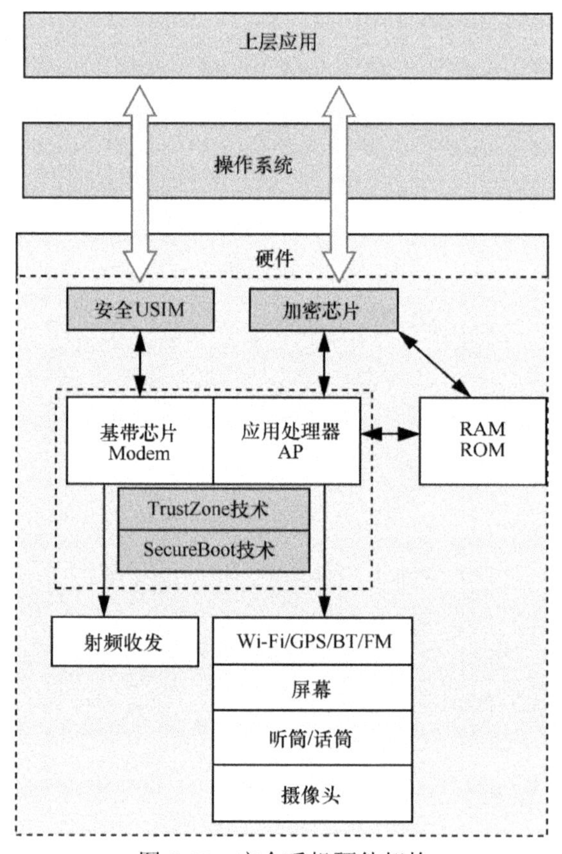

图 3-10　安全手机硬件架构

对于一些高端安全需求，如外事或者机要的场合，可以采用具有冗余硬件设计的硬件隔离机制，采用双硬件平台双系统的设计，保证有高安全需求的应用和数据与普通应用和数据实现完全隔离。对于这种双系统的硬件隔离终端，对用户表现为完全独立的两个系统；一般设计为一个安全系统和一个娱乐系统。安全系统可以考虑引入安全终端操作系统，并对其上运行的业务进行严格的管控；娱乐系统可以具有完全的不受限的智能终端功能。更进一步地，双系统之间可以构建安全管理能力。安全系统监控普通系统的使用，对其网络访问、外设使用、数据读取等进行监管，提高业务安全性。

3.8　小结

硬件安全是智能终端安全的基础，随着终端硬件价格不断降低，通过引入安全硬件、引入安全硬件架构设计等手段能有效提高终端平台的安全性。本章介绍了智能终端的硬件安全相关技术，包括主芯片安全，涵盖 TrustZone、安全启动关键技术，以及加密芯片、安全 SIM 卡、NFC 安全等相关安全硬件知识，并简单分析了常规安全硬件方案。

第 4 章　内核安全

Chapter 4

内核安全

4.1　概述

操作系统内核负责操作系统的任务调度、用户管理、内存管理、多线程支持、多 CPU 支持等，并包含必要的网络协议、驱动等。内核是所有软件的基础，相应的内核安全是操作系统安全的基础。

当前主流操作系统的内核都属于 UNIX（或类 UNIX）系统。UNIX 是一个强大的多用户、多任务操作系统，支持多种处理器架构，属于分时操作系统。UNIX 最早于 1969 年在 AT&T 的贝尔实验室开发，随着时间演进产生若干分支，并在移动智能终端操作系统中获得广泛使用，如 iOS 系统基于 UNIX BSD 规范，而 Android 则基于 Linux，同属 UNIX 大类。简单地说，UNIX 是现代操作系统的典型代表，也是各种主要 OS 的技术源泉；而 Linux 是类 UNIX 的一个开源版本，具有产品级的系统稳定性。

典型终端操作系统内核使用情况如表 4-1 所示。

表 4-1　操作系统内核使用情况

系统	iOS	Android	Tizen	Firefox OS	沃 Phone
内核	Darwin Mach/BSD	Linux kernel	Linux kernel	Linux kernel	Linux kernel

可以看到，除了 iOS，其他多数移动智能终端操作系统均采用了 Linux 内核。但 iOS 系统是封闭的，整体来说，对 Linux 内核的安全研究有相当的实际价值。

在 Linux 基础之上，2000 年 12 月 22 日美国国家安全局（NSA, National Security Agency）发布了 Linux 安全增强版本 SELinux，其全称为 Security-Enhanced Linux，之后被合并到主线 Linux 内核版本中。随着近几年安全需求的不断增强，SELinux 开始在产品和系统中获得使用。

4.2　SELinux 整体架构

4.2.1　SELinux 基本概念

SELinux 由 NSA 发布，之后，Red Hat、Network Associates、Secure Computing Corporation、Tresys Technology 以及 Trusted Computer Solutions 等公司及研究团队都为 SELinux 的发展做出了重要的贡献。

SELinux 本质是一个 Linux 内核安全模块，可在 Linux 系统中配置其状态。SELinux 的状态分为 3 种，即 disabled、permissive 和 enforcing。

（1）disabled 状态：指在 Linux 系统中不启用 SELinux 模块的功能。

（2）permissive 状态：指在 Linux 系统中，SELinux 模块处于 Debug 模式，若操作违反策略系统将对违反内容进行记录，但不影响后续操作。

（3）enforcing 状态：指在 Linux 系统中，SELinux 模块有效，若操作违反策略，SELinux 模块将无法继续工作。

SELinux 涉及的重要概念如下。

（1）主体

主体是访问操作的发起者，是系统中信息流的启动者。主体通常指用户或代表用户意图的进程。

通常，主体是访问的发起者，但有时也会成为访问或受控的对象。一个主体可以向另一个主体授权，一个进程可能会控制几个子进程，这时受控的主体或子进程就是一种客体。

（2）客体

客体相对主体而存在，通常客体是指信息的载体或从其他主体或客体接收信息的实体，即访问对象。

客体不受其所依存的系统的限制，客体可以是数据库表、存储段、文件、目录、消息、程序等，还可以是比特、字节、字、字段、处理器、通信信道、时钟、网络节点等。

（3）访问控制分类

管理方式的不同形成不同的访问控制方式。通常，访问控制方式分为两类：自主访问控制（DAC，Discretionary Access Control）和强制访问控制（MAC，Mandatory Access Control）。

（4）域

域决定了系统中进程的访问，所有进程都在域中运行。本质上，域是一个进程允许的操作列表，决定了一个进程可以对哪些类型进行操作。

SELinux 中域的概念相当于标准 Linux 中 uid 的概念。

（5）类型

类型与域的概念基本相似，但是，域是相对进程主体的概念，类型是相对目录、文件等客体的概念。

类型分配给一个客体，并决定哪个主体可以访问该客体。

（6）角色

角色决定了可以使用哪些域。

具体哪些角色可以使用哪些域，需要在策略配置文件中预先定义。如果在策略配置文件中定义了某个角色不可以使用某个域，在实际使用中将会被拒绝。

（7）身份

身份属于安全上下文的一部分，身份决定了本质上可以执行哪个域。

（8）安全上下文

安全上下文是对操作涉及的所有部分的属性描述，包括身份、角色、域、类型。

（9）策略

策略是规则的集合，是可以设置的规则。

策略决定一个角色的用户可以访问什么，哪个角色可以进入哪个域，哪个域可以访问哪个类型等。

4.2.2　SELinux 内核架构

最早期的 SELinux 是 Linux 系统一个增强安全的补丁集，其后为解决每个系统对安全的细节控制不尽相同的问题，Linux 安全框架（LSM，Linux Security Modules）被提出，使 SELinux 可作为可加载的安全模块运行。

LSM 是一个底层的安全策略框架，Linux 系统利用 LSM 管理所有的系统调用。SELinux 通过 LSM 框架整合到 Linux 内核中。

LSM 在 Linux 内核中的位置如图 4-1 所示。

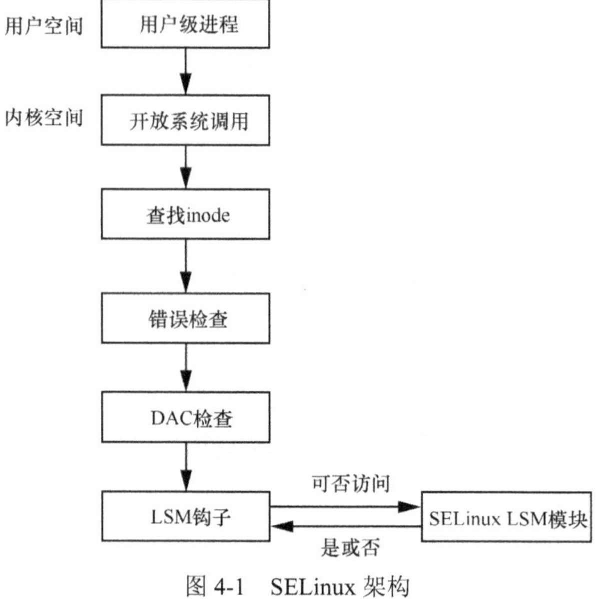

图 4-1　SELinux 架构

当用户进程执行系统调用时，进程首先遍历 Linux 内核现有的逻辑寻找和分配资源，进行一些常规的错误检查，然后进行 DAC 自动访问控制。进程仅在内核访问内部对象之前，由 LSM 的钩子询问 LSM 模块可否访问，LSM 模块处理该策略问题并回答可以访问或拒绝访问。

LSM 框架主要包括安全服务器、客体管理器和访问向量缓存。LSM 模块架构如图 4-2 所示。

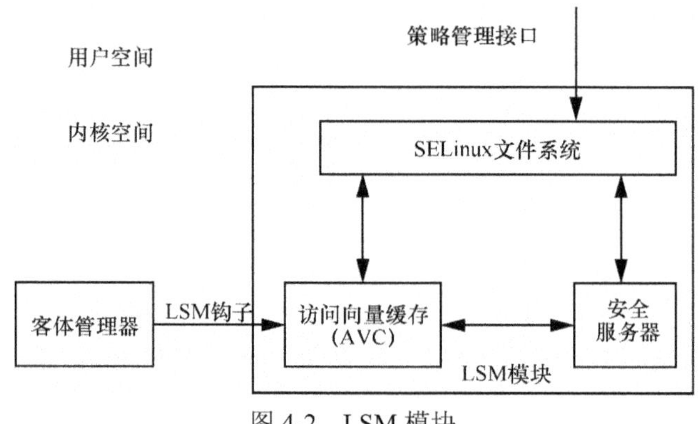

图 4-2　LSM 模块

安全服务器负责策略决定，安全服务器使用的策略通过策略管理接口载入。

客体管理器负责按照安全服务器的策略决定强制执行它管理的资源集。对于内核，客体管理器可以理解为一个内核子系统，负责创建并管理内核级的客体，包括文件系统、进程管理和 System V 进程间通信（IPC, Inter-Process Communication）。

访问向量缓存（AVC, Access Vector Cache）提升了访问确认的速度，并为 LSM 钩子和内核客体管理器提供了 SELinux 接口。

4.2.3　SELinux 策略语言

SELinux 架构中，对于内核资源，策略通过策略管理接口载入 SELinux LSM 模块安全服务器中，从而决定访问控制。SELinux 的优势是其策略规则不是静态的，用户必须按照安全目标的要求自行编写策略。使用和应用 SELinux 本质上就是编写和执行策略的过程。

策略在策略源文件中描述。策略源文件名称为 policy.conf，其文件结构包括以下几点。

（1）类别许可，指安全服务器的客体类别，对于内核而言，类别直接关系内核源文件，许可指针对每个客体类别的许可。通常，SELinux 策略编写者不会修改客体的类别和许可定义。

（2）类型强制声明，包括所有的类型声明和所有的 TE（Type Enforcement，类型强制）规则，是 SELinux 策略中最重要的部分。

（3）约束，是 TE 规则许可范围之外的规则，为 TE 规则提供必要的限制。多级安全（MLS）是一种约束规则。

（4）资源标记说明，指对所有客体都必须添加的一个"安全上下文"标记，是 SELinux 实施访问控制的前提。SELinux 根据资源标记说明处理文件系统标记以及标记运行时创建的临时客体规则。

SELinux 策略大而复杂，由一个个小的策略模块构成。策略模块的生成一般采用源模块法。源模块法支持单策略的开发，并通过一组 shell 脚本、m4 宏和 Makefile 一起合并成为文本文件。多个策略模块集合组成策略源文件，即 policy.conf，策略源文件是文本文件，通过策略编译器 checkpolicy 编译为二进制文件 policy.xx(xx 为版本号)，并通过策略装载函数 security_load_policy 载入内核且实施访问控制。

使用源模块构造和载入 SELinux 策略的全过程如图 4-3 所示。

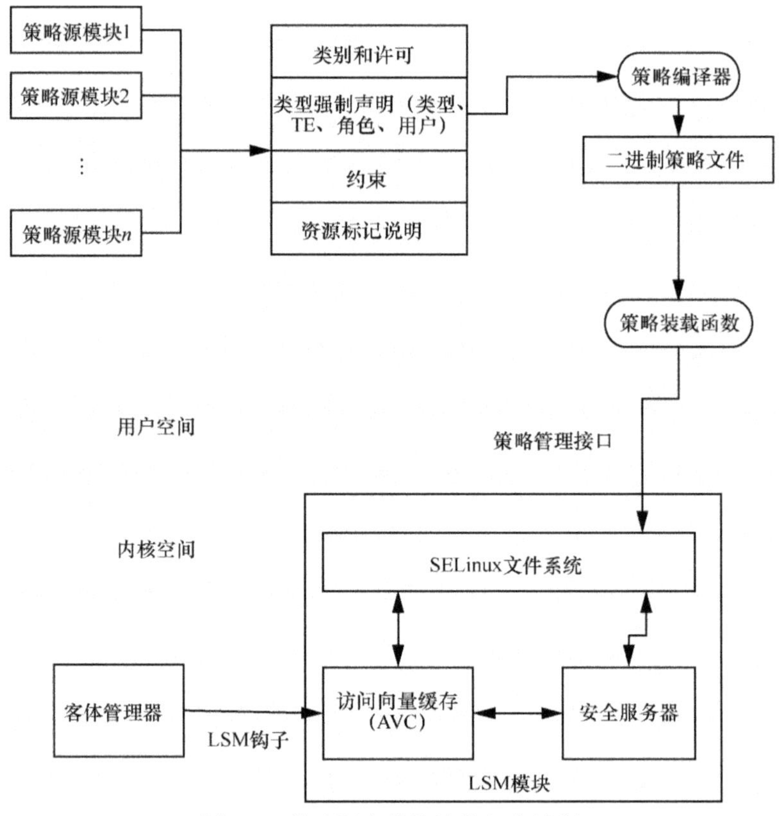

图 4-3　策略源文件构造载入全过程

首先，通过源模块法生成一个个策略模块，策略模块聚合形成一个大的策略源文件 policy.conf；

其次，策略源文件 policy.conf 通过策略编译器 checkpolicy，生成可被内核读取的二进制文件 policy.xx；

最后，policy.xx 通过策略装载函数 security_load_policy 载入内核空间并实施访问控制。

目前，在 SELinux 策略上常见的是单策略组合。

4.3　SELinux 关键技术

SELinux 是基于域—类型模型（domain-type）的安全访问控制策略。对用户权限和进程权限的最小化控制，使受到攻击后即使进程权限或用户权限被夺，仍不会对整个系统造成重大影响，从而保证系统的高安全性。

在技术特征上，SELinux 从强制访问控制（MAC, Mandatory Access Control）、类型强制（TE, Type Enforcement）、domain 迁移、基于角色的访问控制（RBAC, Role Base Access Control）4 个方面建立一种加强的安全访问控制策略。

（1）强制访问控制 MAC

强制访问控制 MAC 区别于自主访问控制 DAC 而存在，强制访问控制 MAC 基于策略实施对所有客体的访问，这些策略由管理员统一定制，一般用户无更改权限。

（2）类型强制 TE

类型强制 TE 对每个进程均赋予最小的权限。

类型强制 TE 的特点是对所有的进程都赋予一个 domain 的标签，并对所有的文件都赋予一个 type 的文件类型标签。Domain 标签能够执行的操作由 AV 规则在策略中设定。

（3）domain 迁移

domain 迁移可防止权限升级，domain 迁移的概念可用如下例子很好地说明。

众所周知，SELinux 中所有的进程都在域中运行。假设进程 A 在 Domain A 内运行，进程 B 在 Domain B 内运行。若要使 B 程序在 Domain A 中执行，就需要使用 domain 迁移，否则运行 B 程序时，其默认继承 Domain B。

（4）基于角色的访问控制 RBAC

基于角色的访问控制 RBAC，可使在 SELinux 中用户只被赋予最小的权限。

在 SELinux 中，用户被划分成一些 role，策略决定哪些 role 可以执行哪些 domain。role 可以迁移，但只能按照策略的规定进行迁移。

4.3.1　强制访问控制

在终端安全领域，强制访问控制（MAC）是访问控制方式之一。

通过访问控制方式操作系统可约束主体的能力、发起访问或对客体执行某种操作。主体通常是一个进程或线程，客体通常指文件、目录、TCP/UDP 端口、共享内存段或 IO 设备等。主体和客体均有自己的安全属性。当主体试图访问客体时，操作系统内核将强制执行策略（即许可规则）检查主体和客体的安全属性，并决定访问是否可以发生。任何主体对任何客体的操作都需按照策略进行检测，以决定是否允许操作。

操作系统不同的管理方式就形成了不同的访问控制方式。访问控制方式主要分为两种：自主访问控制和强制访问控制。

（1）自主访问控制（DAC, Discretionary Access Control）

自主访问控制由主体自身对自己的客体进行管理，由主体自身决定是否将自身所拥有的客体访问权授予其他主体。在自主访问控制方式下，一个用户可以自主选择哪些用户共享他的文件。

（2）强制访问控制（MAC, Mandatory Access Control）

强制访问控制方式将系统中的信息分密级和类进行管理，以保证每个用户只能访问那些被标记可以被他访问的信息。在强制访问控制方式下，主体和客体都被标记了固定的安全属性（如安全级、访问权限等），在每次访问发生时，系统都将检测主体和客体的安全属性，以确定该主体是否有权限访问该客体。

强制访问控制和自主访问控制的区别在于，强制访问控制的安全策略由安全策略管理员集中控制，用户不能够重写策略；然而，自主访问控制允许用户进行决策和指定安全属性。

传统 UNIX 系统的用户、组和读写执行权限属于自主访问控制。自主访问控制方式的一个根本弱点是不能识别自然人与计算机程序之间最基本的区别。因此，如果一个用户被授权允许访问，意味着其全部程序也被授权访问，那么恶意程序也将具有同样的访问权。因此，自主访问控制机制中主体容易受到来自多种多样恶意软件的攻击。

然而强制访问控制方式的多层安全模型可以避免来自恶意程序的攻击，强制访问控制将每个用户及文件都赋予一个安全访问级别，如最高秘密级（Top Secret）、秘密级（Secret）、机密级（Confidential）及无级别级（Unclassified）。其级别高低为 T>S>C>U，系统将根据主体和客体标记的访问级别来决定访问模式。访问模式包括以下 4 种。

（1）下读（Read down）：用户级别大于文件级别的读操作；

（2）上写（Write up）：用户级别小于文件级别的写操作；

（3）下写（Write down）：用户级别大于文件级别的写操作；

（4）上读（Read up）：用户级别小于文件级别的读操作。

通过安全访问级别和访问模式，强制访问控制方式提供了一种灵活的可配置的访问方式，避免了自主访问控制方式容易受到恶意程序攻击的劣势。

Bell-Lapadula 安全模型（如图 4-4 所示）旨在通过不上读和不下写的原则保证数据的安全性。不上读是指不允许低安全级别的用户读取高敏感度的信息，不下写是指不允许高敏感度的信息写入低敏感度区域，即从安全角度，禁止信息从高安全级别流向低安全级别。强制访问控制方式通过这种安全梯度标签来实现信息的单向流通。

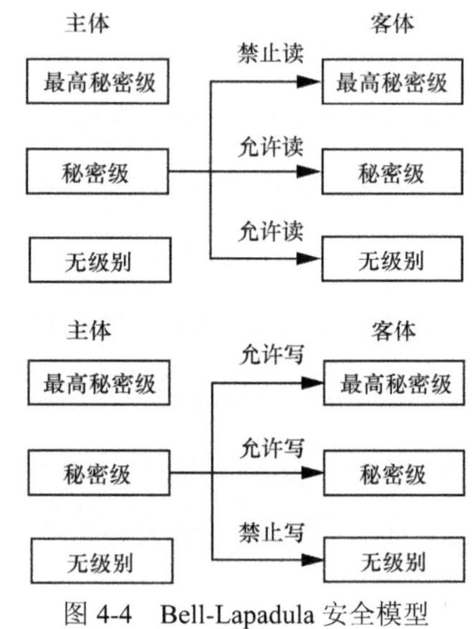

图 4-4　Bell-Lapadula 安全模型

Biba 安全模型则旨在通过不下读和不上写的原则保证数据的完整性。不下读是指不允许高完整性的用户读取低完整性的信息，不上写是指不允许低完整性的信息写入高完整性的区域，如图 4-5 所示。在实际应用中，数据的完整性保护主要是为了避免应用程序修改某些重要的系统程序或系统数据库。

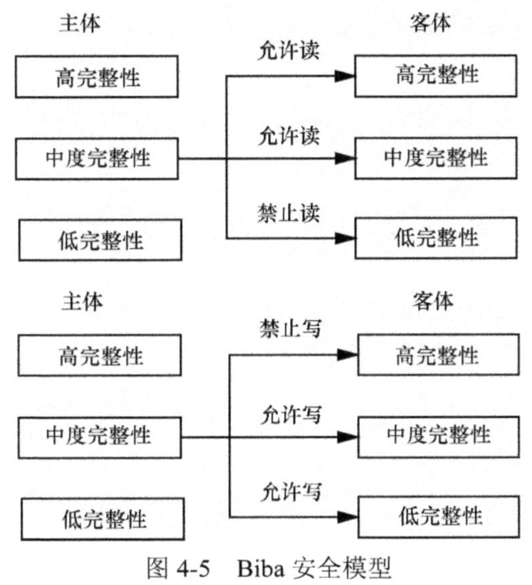

图 4-5　Biba 安全模型

4.3.2　类型强制

类型强制（TE）的概念与访问控制有关，类型强制的执行是 MAC 的先决条件，执行 TE 规则使强制访问控制优先于自主访问控制实施，并且使 TE 成为一个补充的 RBAC。

类型强制是对操作系统进行细粒度的控制，它不仅可以通过程序的执行来控制，还可以通过域转换或授权机制来控制。类型强制对系统所有的进程都赋予一个 domain 的标签，并对所有的文件都赋予一个 type 的文件类型标签。domain 标签能够执行的操作由 AV 规则在安全策略中设定。

SELinux 策略就是一套声明和规则定义的类型强制 TE 策略。一个定义良好、严格的 TE 策略包括上千个 TE 规则，TE 规则表明所有由内核暴露的允许对资源的访问权，这意味着每个进程对每个资源的访问都必须有一条以上的允许的 TE 访问规则。TE 规则数量很多，但所有的规则基本上都属于两类：访问向量（AV，Access Vector）规则、类型规则。

（1）访问向量规则

SELinux 中没有默认的超级用户，root 用户只存在于标准 Linux 中，即在 SELinux 中默认没有访问。

SELinux 中的访问是由主体的类型（即域）和客体的类型使用访问向量规则 allow 指定的。访问向量规则是按照对客体类别的访问许可指定其具体含义的规则，SELinux 策略语言支持 4 类访问向量规则。

1）allow：表示允许主体对客体执行允许的操作。

2）dontaudit：表示允许主体对客体执行允许的操作且不记录其操作，即不记录违反规则的决策信息，并且违反规则后不影响操作继续运行。

3）auditallow：表示允许主体对客体执行允许的操作且记录其操作，即记录违反规则的访问决策信息，并且违反规则后不允许操作继续运行。

4）neverallow：表示不允许主体对客体执行指定的操作。

虽然上述 4 种规则的用途不一样，但语法相同，每个规则均需包含以下 5 个元素。

①规则名称：allow、dontaudit、auditallow 和 neverallow 中的一种。

②源类型：授予访问的类型，通常是进程的域类型。

③目标类型：客体的类型，被授权可以访问的类型。

④客体类别：客体的类别。

⑤许可：表示主体对客体访问时允许的操作类型（也叫访问向量）。

访问向量规则语法如下。

规则名称　　源类型　　　目标类型：客体类别　　访问向量

如 allow user_t bin_t : file { read execute }，该规则的意思是允许任何安全上下文中具有类型 user_t 的进程对任何安全上下文中具有类型为 bin_t 的普通文件进行

read 和 execute 访问权。

（2）类型规则

类型规则是在创建客体或在运行过程中重新标记客体时指定其默认类型，它仅提供一个新的默认类型标记。

在策略语言中定义了两种类型规则。

1）type_transition：在创建客体时或在域转换过程中重新标记客体时指定其默认的类型。

2）type_change：SELinux 的应用程序执行标记时指定其默认类型。

与访问向量规则一样，每条类型规则有不同的作用，但语法相同，每条类型规则都具有下列 5 个元素。

①规则名称：type_transition 或 type_change 之一。

②源类型：创建或拥有进程的类型。

③目标类型：包含新的或重新标记的客体类型。

④客体类别：新创建的或重新标记的客体的类别。

⑤默认类型：新创建的或重新标记的客体的单个默认类型。

类型规则语法大部分和 AV 规则类似，不同之一在于类型规则中没有许可，不指定访问权或审核，不同之二是客体类别没有关联目标类型，相反，客体类别指的是将要被默认类型标记的客体。

类型规则语法如下。

规则名称　　类型集　　类型集：类别集　　单个默认类型

最简单的类型规则包括源默认类型、目标默认类型和客体类别。如 type_transition user_t passwd_exec_t: process passwd_t，该规则的意思是当一个类型为 user_t 的进程执行类型为 passwd_exec_t 的文件时，进程类型将会尝试转换，除非有其他请求，否则默认转换到 passwd_t。

4.3.3　domain 迁移——防止权限升级

SELinux 中所有的进程都在域中运行。

假设在用户环境中运行点对点下载软件 azureus，当前进程的 domain 是 fu_t。若用户考虑到安全问题，想在 azureus_t 域中运行此进程。当用户在 terminal 里用命令启动 azureus，此时该进程的 domain 就会默认继承实行 shell 的 fu_t。而 domain 迁移可以让 azureus 在用户指定的 azureus_t 中运行，在安全方面，这种做法更可取，不会影响到 fu_t。

以下是 domain 迁移指示的例子。

domain_auto_trans(fu_t,azureus_exec_t,azureus_t)，意思是在 fu_t domain 里执行被标为 azureus_exec_t 的文件时，domain 从 fu_t 迁移到 azureus_t。

Domain 迁移只有在同时满足下面的 3 个条件时才允许进行。

（1）进程的新的域类型对可执行文件类型有 entrypoint 访问权，即 allow passwd_t passwd_exec_t: file entrypoint。

（2）进程的当前（或旧的）域类型对入口文件类型有 execute 访问权，即 allow user_t passwd_exec_t : file {getattr execute}。

（3）进程当前的域类型对新的域类型有 transition 访问权，即 allow user_tpasswd_t: process transition。

4.3.4　基于角色的访问控制 RBAC

在一个组织中，角色因为各种不同的功能而被创建。特定的角色被赋予特定的权限执行某种特定的操作。组织成员或其他系统用户被指定为特定的角色，并通过这些角色分配获得计算机权限来执行计算机特定的系统功能。

SELinux 用户不直接和域类型（权限）关联，而是用户与角色关联，角色与域类型关联，从而使用户与域类型关联。SELinux 中的 RBAC 特性依赖并支持 TE 特性，通过在安全上下文中控制域类型、角色和用户的关联实现对 TE 策略更多的约束，也就是说，域转换受用户的角色约束，并最终约束了用户的总体权限。

RBAC 的优点在于，首先简化了管理策略的复杂度：一个系统可能只有 3 个或 4 个角色，但有成千上万的用户和域类型，如果直接将域类型与用户进行关联，会导致管理非常困难，而将域类型分配给一个具有描述类型（如普通用户域类型）特权集的角色，然后将这些角色分配给用户，管理将大大简化；其次，角色仅仅是一组域类型的集合，可以方便地与用户建立联系。SELinux 中的角色允许限制用户的访问，对于任何进程，同一时间只有一个角色（即进程安全上下文中的角色）处于活动状态。

RBAC 定义了 3 类主要的规则。

规则 1：角色分配，只有当主体被选择或被分配角色时，才可行使权限。

规则 2：角色授权，主体的有效角色必须被授权给该主体。

规则 3：权限授权，只有当某个权限被授权给主体的有效角色时，主体才可以行使该权限。

上述规则 2 与规则 1 配合，可确保用户只可承担他们被授权的角色。规则 3 与规则 1 和规则 2 配合，确保用户只可以行使他被授权的权限。

在 RBAC 中，主体、角色、权限（域类型）是一对多的关系，一个主体可以有多个角色，一个角色可以有多个主体，一个角色可以有很多权限，一个权限可以分配给多个角色，一个操作可以被分配很多权限，一个权限可以分配给多个操作。

SELinux 中除了 object_r 外，没有内置任何其他的角色，与类型一样，角色也需在策略中进行声明，与角色有关的有 4 个策略语句如下。

角色声明语句；

角色 allow 规则；

角色转换规则；

角色控制语句。

（1）角色声明语句

角色声明语句（role）声明一个角色标识符，完整的角色声明语法如下。

role 角色名称 types 类型集；

如 role user_r types user_t；

roleuser_r types passwd_t。

上述语句将域类型 user_t 和 passwd_t 与角色 user_r 关联起来。

（2）角色 allow 规则

角色 allow 规则语法如下。

allow　角色名　角色名；

如 allow cashier_r mgr_r，指角色为 mgr_r 的进程转换到一个角色名为 cashier_r 的进程。

（3）角色转换规则

与类型相似，程序在执行过程中角色可能发生变化。同类型转换用 type_transition 规则，角色转换使用 role_transition 规则。role_transition 规则在作用和语法上与 type_transition 很类似，角色转换规则语法如下。

role_transition 角色集　类型集　角色；

如 role_transition sysadm_r http_exec_t system_r，指当一个角色为 sysadm_r 的进程执行一个类型为 http_exec_t 的文件时，SELinux 会尝试将其转换为 system_r

角色。

（4）角色控制语句

角色控制语句（dominance）按照其他角色声明一个角色，角色控制语句可创建角色之间的层次关系，"高层角色"可能会自动继承所有与角色关联的类型，完整的角色控制语句语法如下。

dominance {role　角色名称{角色集}}；

如 dominance { role a_r { role b_r; role c_r { role d_r; } } }。

上述语句中角色定义如下：

d_r 只有它自己的类型；

c_r 它的类型和 d_r 的类型；

b_r 只有它自己的类型；

a_r 它自己的类型和所有 b_r，c_r 和 d_r 的类型。

任何添加到控制语句后的高层角色的类型没有通过 dominance 语句继承下来，因此，在上述例子中，如果在 dominance 语句后面给 d_r 角色添加了一个类型，c_r 和 a_r 角色并不继承该新类型。

4.4　SELinux 应用分析——SEAndroid

SEAndroid（Security-Enhanced Android，安全增强型 Android）是在 AOSP（Android 的源码版）的基础上添加了一系列 SELinux 安全策略的功能加强版，其在架构和机制上与 SELinux 完全相同。

4.4.1　SEAndroid 加强功能

SEAndroid 主要的加强功能包括以下几项内容。

（1）加强 MAC 策略

保证所有进程的 domain 都被定义，且 SELinux 的默认模式是 enforcing。

（2）加强 Install MMAC 策略

Install MMAC 策略中的 package 和 signature 标签支持通过<seinfo>标签，来指定应用的 context，但仅对预装应用有效。所有第三方应用均无法通过该策略指定，只能由<default>标签匹配，而且 seinfo 的值为"default"。

Install MMAC 策略还可通过检查应用所申请的权限列表是否被允许，决定是否安装该应用；并且当应用已经安装在手机上之后，如果策略更新并与其产生冲突，那么该应用便不能继续运行。

Install MMAC 检查流程如下。

1）安装或升级第三方应用时，检查其权限列表。如果在<default>标签里有任一不允许的权限，那么该应用将不能安装或升级失败。

2）预装应用的升级过程，系统做权限检查。如果在 package 或者 signature 标签有任一不允许的权限，则升级失败；如果某一权限在 package 或者 signature 标签中没有显式声明为 allow，而在 default 标签中声明为 deny，升级同样失败。

（3）增加 Intent MMAC 的支持

Intent MMAC 策略决定 Intent 是否可被分发到其他几种组件。Intent MMAC 策略会自动屏蔽所有没有被定义为允许的 Intent 分发。

（4）增加 Content Provider MMAC 的支持

Content Provider MMAC 策略决定是否允许 content provider 的访问请求。Content Provider MMAC 策略会自动屏蔽所有没有被定义为允许的访问请求。目前，支持 use、read、read/write 3 种权限。

（5）增加 Revoke permission MMAC 的支持

Revoke permissions MMAC 策略决定权限在运行过程中是否会被检查。如果权限被撤消就会变成 denied 状态。当然，除了指定的权限会被变成 denied，其他权限都是允许的。

SEAndroid 在为 Android 内核增加了 SELinux 加强功能支持的同时，在用户空间也实现了如下几方面的目标。

（1）提供一种集中的可分析的策略；

（2）使应用在安装和运行过程中权限可控；

（3）构造沙箱，使应用与应用、应用与系统相互隔离；

（4）防止应用提权；

（5）定义所有特权守护进程以防止权限滥用，并把它们的破坏降到最低。

主要实现方式包括如下几方面。

（1）针对 Android 重新编写 TE 策略；

（2）为所有系统服务和应用定义 domain；

（3）利用 MLS 类别隔离应用；

（4）为应用和应用数据文件夹提供灵活可配置的标注功能；

（5）最小化 SELinux 用户空间的可用端口；

（6）为 Zygote socket commands 的使用提供用户空间级别的权限检查；

（7）为 Android properties 的使用提供用户空间级别的权限检查；

（8）提供 JNI 方式的 SELinux 接口；

（9）实现 yaffs2 文件系统的安全标注，文件系统镜像文件（yaffs2 和 ext4）编译时标注；

（10）为 recovery console 和程序更新器提供标注功能；

（11）基于内核的 Binder IPC 权限检测；

（12）实现对由 init 进程所产生的服务端套接字(service sockets)和本地套接字文件（socket files）的标注功能；

（13）实现对由 ueventd 进程所产生的设备节点（device nodes）的标注功能。

4.4.2　SEAndroid 安全规则

SEAndroid 主要采用 TE 和 MLS 两种强制访问方法，这两种方法都在其安全规则 Policy 中实现，Policy 是整个 SEAndroid 安全机制的核心。

在 SEAndroid 中，除 MLS 检测被强制执行外，其他安全上下文与 SELinux 基本一致，由 user、role、type、security level 4 部分组成。

user：SEAndroid 中 user 仅有一个，即 u；

role：SEAndroid 中 role 有两个，分别是 r 和 object_r；

type：SEAndroid 中共有 139 种不同的 type；

security level：为 MLS 访问机制专门添加的安全上下文的扩展部分。

SEAndroid 中安全上下文标记有 4 种方式，分别是基于策略语句标记、程序请求标记、初始 SID 标记以及默认标记。

（1）基于策略语句标记

SEAndroid 的策略语句 type_transition 规则可指定新创建的文件或目录安全上下文。通常，新创建文件或目录的安全上下文和其父文件或父目录的安全上下文一致，type_transition 规则也可为其指定特定的安全上下文。

（2）程序请求标记

SEAndroid 提供 API 允许程序明确的请求标记。对于存储在支持标记文件系统上的与文件有关的客体，SEAndroid 可通过调用相应的 API 即能在创建文件时设置其安全上下文，并且，在适当的 relabelfrom 和 relabelto 许可下，SEAndroid 还可对与文件有关的客体进行重新标记。

（3）默认标记

默认标记方式在相关的策略标记规则不存在或没有关联策略标记规则的客体类别时使用。大部分客体类别的默认标记都继承创建它的进程或包括客体的容器的安全上下文。

（4）初始 SID 标记

初始 SID（Security Identifiers，安全标识符）标记提供了一种特殊的默认标记行为。初始 SID 标记适用于两种环境：在系统初始化策略还未载入前对一部分内核相关的客体进行标记，以及当客体的安全上下文无效或安全上下文丢失时使用。初始 SID 的内容在 initial_sids 文件中定义，并在 contexts 文件中同时声明初始 SID 相应的安全上下文。

4.4.3　TE 强制访问方式

TE（Type Enforcement）强制访问方式是 SEAndroid 中最主要的安全手段，所有关于 TE 的强制访问规则都被定义在后缀为 te 的文件中，SEAndroid 为系统定义了 33 个 te 策略文件，这 33 个策略文件根据其针对的对象可以分为 3 类，如图 4-6 所示。

针对 attribute 的策略文件	unconfined.te、domain.te、cts.te、bluetoothd.te、net.te、file.te
针对 daemon 进程的策略文件	adbd.te、gpsd.te、netd.te、bluetoothd.te、zygote.te、ueventd.te、installd.te、vold.te、dbusd.te、keystore.te、debuggerd.te、mediaserver.te、rild.te、drmserver.te、surfaceflinger.te、qemud.te、servicemanager.te、su.te、shell.te、wpa_supplicant.te
针对系统其他模块的策略文件	app.te、system.te、init.te、nfc.te、kernel.te、radio.te、device.te

图 4-6　TE 策略文件

4.4.4　MLS 强制访问方式

MLS（Multi-Level Security）称为多级别安全，是一种强制访问控制方法，MLS 建立在 TE 安全基础之上。MLS 在 SELinux 为一个可选的访问控制方式，但在 SEAndroid 中，MLS 是必选的安全访问控制方式之一。

（1）MLS 相关参量

在 SEAndroid 中 MLS 的相关参量为安全上下文的第 4 列 security level。在安全上下文第 4 列中有一个或两个 security level，第一个表示低安全级别，第二个表示高安全级别。

每个 security level 都由两个字段：sensitivity 和 category 组成。sensitivity 有严格的分级，反映了一个有序的数据灵敏度模型。category 是无序的，它反映的是数据划分的需要。对于要访问的数据必须同时有足够的 sensivity 和正确的 category。

SEAndroid 中，sensitivity 只有一个级别即 s0，category 共有 1 024 个，因此最低安全级别就是 s0，最高安全级别就是 s0:c0.c1 023。

（2）MLS 对进程的约束

MLS 对于进程 domain 转换的原则是两个 domain 的高级别 security level 和低级别 security level 必须同时相等。当然，待转换的 domain 属于对 MLS 无限权限的 type 除外。

MLS 对进程的操作原则是不上读、不下写。只有当主体 domain 的低级别 security level 对客体 domain 的低级别 security level 具有 dom 关系时，或者主体的 domain 属于对 MLS 有无限权限的 type 时，主体才能对客体进行读操作；只有当主体 domain 的低级别 security level 对客体 domain 的低级别 security level 具有

domby 关系时，或者主体的 domain 是属于对 MLS 有无限权限的 type 时，主体才能对客体进行写操作。

（3）MLS 对 socket 的约束

只有当主体 domain 的高级别 security level 和低级别 security level 分别与客体 local socket 的 type 的 security level 相同，或者主体和客体任何一个的 domain 是属于对 MLS 无限权限的 type 时，主体才对客体的 local socket 拥有读、写、新建等访问权限。

只有当发送方的低级别 security level 与接受方的低级别 security level 满足 domby 关系时，或者主体和客体任何一个的 domain 是属于对 MLS 有无限权限的 type 时，发送方才对接受方拥有发送权限。

只有当客户端的低级别 security level 与服务端的低级别 security level 满足 eq 关系时，或者主体和客体任何一个的 domain 是属于对 MLS 有无限权限的 type 时，客户端才能获得连接服务端的权限。

（4）MLS 对文件和目录的约束

对文件操作时，MLS 要求客体的文件只有一个 security level，即文件没有低级别和高级别的 security level 或者两个级别相同，并且当主体 domain 的低级别 security level 与客体文件的 security level 相同时，或者主体的 domain 属于对 MLS 有无限权限的 type 时，主体对客体文件拥有创建和重新标记安全上下文的权限。

MLS 对目录的访问原则是不上读、不下写。只有当主体的低级别 security level 对客体目录的低级别 security level 满足 dom 关系时，或者主体和客体任何一个的 domain 属于对 MLS 有无限权限的 type 时，主体才能对客体的目录拥有读操作、获取目录属性、search 权限等权限；只有当主体的低级别 security level 对客体目录的低级别 security level 满足 domby 关系，或者主体和客体任何一个的 domain

属于对 MLS 有无限权限的 type 时，主体才能对客体目录拥有写操作、设置目录属性，重命名目录，添加或删除目录中的文件等权限。

MLS 对文件的访问原则是不上读、不下写。只有当主体的低级别 security level 对客体文件的低级别 security level 满足 dom 关系，或者主体和客体任何一个的 domain 属于对 MLS 有无限权限的 type 时，主体才能对客体文件拥有读操作、获取属性信息、执行操作等权限；只有当主体的低级别 security level 对客体文件的低级别 security level 满足 domby 关系，或者主体和客体任何一个的 domain 属于对 MLS 有无限权限的 type 时，主体能对客体文件拥有写操作、设置文件属性、重命名文件、创建及删除文件链接等权限。

（5）MLS 对 IPC 的约束

对 IPC 操作时，MLS 要求客体的 IPC 对象只有一个 security level，并且当主体的低级别 security level 与客体的低级别 security level 满足 eq 关系，或者主体的 domain 属于对 MLS 有无限权限的 type 时，主体对客体的 IPC 有创建和销毁的权限。

MLS 对 IPC 的访问原则是不上读、不下写。只有当主体的低级别 security level 对客体 IPC 的低级别 security level 满足 dom 关系，或者主体的 domain 是属于对 MLS 有无限权限的 type 时，主体对客体的 IPC 拥有读操作、获取文件属性信息、关联 key 等权限；只有当主体的低级别 security level 对客体 IPC 的低级别 security level 满足 domby 关系，或者主体的 domain 是属于对 MLS 有无限权限的 type 时，主体能对客体 IPC 拥有写操作、append 操作等权限。

4.5　小结

SELinux 作为 Linux 系统一个增强安全的补丁集，作为可加载的安全模块为

Linux 系统提供增强的安全功能。本章首先介绍 SELinux 的内核架构及其策略文件的生成、编译及载入内核的全过程，接着介绍 SELinux 的 4 个关键技术——强制访问控制 MAC 的特点、类型强制 TE 规则、domain 迁移实现及基于角色的访问控制 RBAC 规则，最后介绍 SELinux 的最重要应用，SEAndroid 的加强功能及安全机制。目前，SELinux 安全机制在 Android 最新系统和多个自主 OS 系统中已经被广泛使用。

第 5 章　Chapter 5

国产操作系统

5.1　自主 OS 的发展契机

传统 PC 领域，微软凭借其 PC 操作系统 Windows 长期掌控了桌面 OS 的王者地位，而在移动互联网时代，智能终端操作系统与智能硬件、智能通信技术的同步发展共同造就了欣欣向荣的移动互联网行业，也充分体现了 OS 标准对产业的影响力。

智能终端操作系统领域，Google 和苹果公司依靠其操作系统 Android 和 iOS 在市场的霸权地位迅速崛起并成为移动互联网的巨头，占据了智能手机领域超过 98% 的市场规模。其他智能终端操作系统还有 Windows Phone、Tizen、BlackBerry 等。

面对全球移动互联网产业的发展热潮，国外竞争对手来势很猛，国产手机企业在这场争夺战中迅速发展，国产手机出货量空前鼎盛，2015 年以华为、小米为代表的国产品牌厂商已在世界十大品牌中占据了 6 席。但是，目前所有中国手机企业均没有真正的自主 OS，只能获取谷歌 Android 或微软 Windows Phone 的授权开发和生产智能手机，产业地位较低，在技术支持和授权时间等方面得不到第一时间的响应，成为整个产业的潜在风险。完全受国外产业控制的智能终端操作系统同样为国家信息安全带来巨大挑战。

国家高度重视智能终端操作系统的自主化研发，因此设立了核高基智能操作系统研发专项支持自主操作系统的研发。核高基课题于 2009 年设立了智能手机嵌入式软件平台研发及产业化课题，并于 2012 年设立了移动智能终端操作系统开发课题，支持中国联通、阿里、华为、联想、百度等厂商研发自主操作系统。随着国家网络信息安全战略的实施，自主操作系统面临着崭新的历史发展机遇。

5.2　自主 OS 的技术路线

智能 OS 的架构经长期演进，技术上已趋于成熟，典型的智能 OS 为 5 层架构，包括系统内核、用户图形交互界面、系统功能库、框架和应用，如图 5-1 所示。各层的主要功能如下。

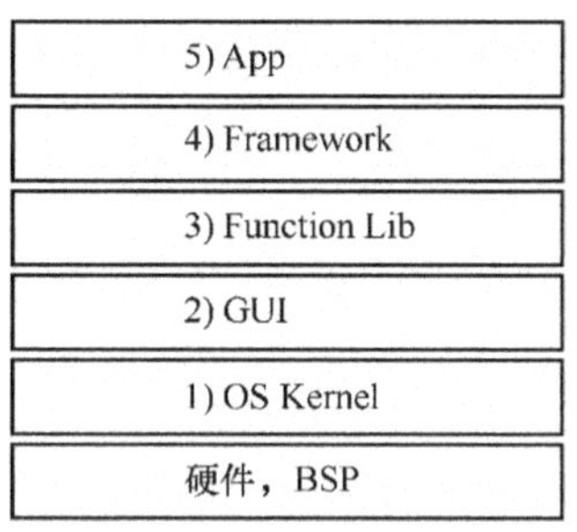

图 5-1　OS 技术架构

（1）系统内核层 OS Kernel，绝大多数 OS 选用 Linux 内核，目前大多数系统选用了 Linux3.x 版本，部分终端厂商已升级至 3.10 或 3.11 版本。

（2）用户图形交互界面 GUI，是整个系统的调度核心，可以控制键盘、鼠标、屏幕和输入输出，根据需要设定各种触发事件，调度和运行各类应用，调度和使用网络功能等，也可以理解为系统功能框架。GUI 的性能将直接影响整个系统稳定性、安全性、操作感受与流畅度。

（3）系统功能库 Function Lib，提供整体 OS 的基本函数和应用基础功能的支撑库，包含图像处理函数如 OPENGL ES、SQLite 等功能库。

（4）应用框架 Framework，包含应用开发支持、系统调用 API 等，并提供若干控件和模块封装供应用使用。OS 系统厂商通过制定 API 接口标准规范，结合配套 SDK，主导和支持上层各类应用。

（5）应用层 App，应用是用户使用智能终端可以得到的具体服务，一般又包括基础通信应用如通话客户端，基础系统应用如系统设置，以及其他丰富的本地或互联网的游戏、功能、业务等各类应用。

从技术路线上看，目前国产智能终端操作系统大致可以分为以下几类：一类是原生 OS，如中国联通和全智达联合研发的沃 Phone 操作系统，直接基于 Linux 研发；另一类是 WebOS 或类 WebOS，如元心 OS，基于 HTML5 技术研发，其应用生态建立在 HTML5 Web 技术之上；最多的是以 Android 为核心的定制 OS，如中国移动 OPhone、小米 MIUI、华为 EMUI、锤子 OS 等，其中，阿里 YunOS 最初借鉴了 Android 架构，但随着技术演进，已脱离 Android 定制的范畴。整体来看，自主 OS 已经呈现百花齐放的发展格局。

图 5-2 为各 OS 的技术衍生示意图。

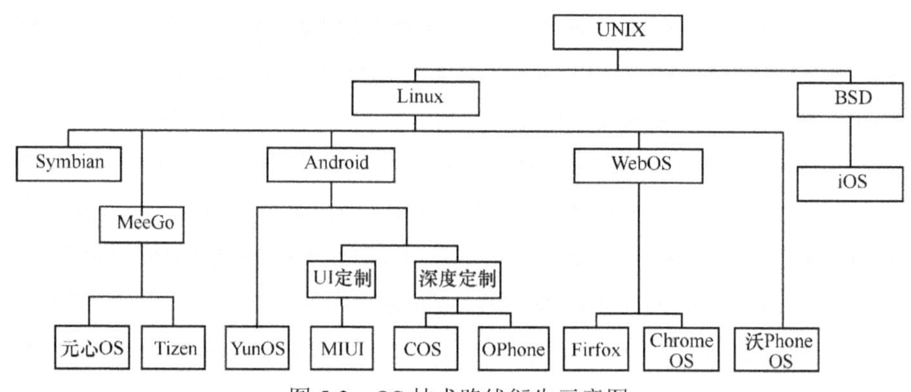

图 5-2　OS 技术路线衍生示意图

5.3　联通沃 Phone OS

中国联通从 2009 年开始研发沃 Phone 操作系统，牵头承担了两期沃 Phone 核高基国家专项，与全智达及其他终端厂商一起完成自主可控的沃 Phone 智能终端操作系统研发及终端产业化。沃 Phone 智能终端操作系统坚持自主可控的技术路线，经过多年的磨练，填补了我国在自主 OS 领域的空白。

5.3.1　中国联通的自主策略

沃 Phone 基于典型 OS 5 层架构，中国联通坚持自主可控策略主导研发沃 Phone 智能终端操作系统，其特点如下。

1）直接基于 Linux，借鉴通用技术和算法，采纳公认的技术标准。

沃 Phone 直接基于 Linux Kernel 开发，避免依赖某一特定公司主导的代码做二次开发，以避免被动跟随、受制于人。其他系统支撑库采纳公认的开放标准和行业内众多厂商共同支持的开源代码和接口标准，如支持 SQLite、OPENGL ES、libc 等通用库，减少开发者跨其他开发的难度。沃 Phone 遵循 GPL、LGPL 等开源标准。

2）原创开发和自主制定 OS 的 Framework、API 标准。

沃 Phone 自主开发的应用框架 Framework，采用通用的应用—视图模式，基于事件驱动的消息循环机制进行工作。沃 Phone 上层应用基于 C/C++ 开发，执行效率更高。沃 Phone 同时发布了系统 SDK，并建设了沃 Phone 开发者社区，支持开发者开发基于沃 Phone 的应用，并且制定了沃 Phone API 标准，真正做到 OS 的自主、可控。

3）采用可伸缩的 OS 架构和模块化接口设计，利于按需扩充、持续发展。

沃 Phone 以原生 OS 为基础设计了灵活扩充架构，有利于开发团队不断加入新的功能接口和模块，方便第三方扩充系统性能，提高自主 OS 开放的 API 数量和功能模块的数量，真正做到了 OS 的可持续发展。

4）原创开发的 OS 关键架构和核心软件模块。

自主开发的 TGUI 图形化交互系统、Framework 应用开发框架，使沃 Phone OS 的发展完全可控。沃 Phone 管理软件、通用系统支撑功能库、基础应用软件等，使沃 Phone 产品具备商用条件。另外，沃 Phone 提出和强化了自主 OS 的安全特征，研发了沃 Phone 平台安全组件。

在政府和产业界的支持下，联通沃 Phone 致力于创造一个自主 OS 产业生态系统，不仅为国内厂商带来优秀的系统方案选择，也为用户带来安全可信的手机产品和优异的体验。

5.3.2　沃 Phone 技术架构

沃 Phone 采用 Linux 基本内核、以自主创新的 TGUI 引擎架构为基础、兼容众多开源软件，形成了完整的智能手机操作系统解决方案，持续演进并进行版本升级。沃 Phone 采用国际上先进的原生 OS 的技术路线，属于典型的 5 层 OS 架构，其技术架构如图 5-3 所示。

沃 Phone 是基于先进、强大而稳定的 Linux 内核自主开发的原生操作系统，充分利用了 C/C++语言的优异特性和国际标准化的开放标准，系统架构简洁而高效，可以最大化利用现有终端的硬件特征，由开源的 GCC（GNU Compiler Collection，GNU 编译器集合）工具链和充分利用 Windows VC 程序员经验的 TIOS SDK，为应用程序的开发提供了强大工具。

沃 Phone 的所有用户界面相关的操作机制、设计框架、控件代码和图案的绘制均来自专业设计，程序员只需要少许代码即可在应用中开发出华丽的动画和过渡效果。沃 Phone 自主设计的 TGUI 系统是市场上先进 GUI 图形交互系统之一。

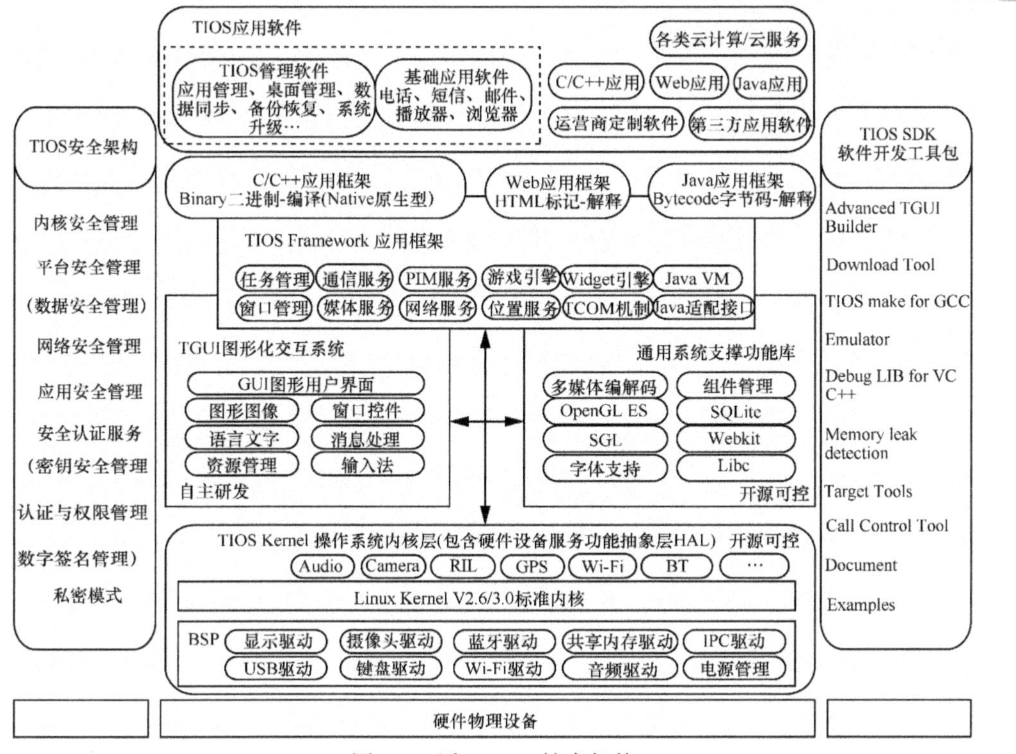

图 5-3　沃 Phone 技术架构

沃 Phone 包含功能强大的通用算法功能库，集成了符合行业标准的算法功能配合自主优化本地化服务算法模型，为系统业务和功能拓展提供强大的支撑环境。

沃 Phone 通过 GPU 硬件加速的深化应用，开发了业界领先的高速响应结构，优化操作体验，可视化的操作流程设计，所想即所现，所见即所得，高速高效，简洁流畅。

沃 Phone 为用户提供流畅的操作体验。系统支持 GPU 硬件加速，采用 3D 显示提升视觉效果，提供成套开发工具，支持开发者开发 3D 应用。

沃 Phone 预置了功能强大的基础应用，包含电话、信息服务等技术通信服务及其他系统服务，并为设备商提供系统适配、优化等产品化服务，可提供完整的沃 Phone 智能手机软硬件一体化解决方案。

沃 Phone 是与国际同步的自主可控智能终端操作系统，沃 Phone 与市场主要 OS 的对比如表 5-1 所示。

表 5-1　沃 Phone 与其他 OS 对比

项目	沃 Phone	iOS	Android	Windows Phone
OS 类型	Native OS	Native OS	Java Platform	Native OS
OS 内核	Linux Kernel	BSD	Linux Kernel	Windows
GUI	TGUI	苹果 Quartz	Surface	微软 GUI
Framework	TIOS SDK/GCC	iOS SDK	Dalvik SDK	VS
编程格式	Binary 二进制	Binary 二进制	ByteCode	BitCode
语言类型	编译	编译	解释	二次编译
编程语言	C/C++	C/C++/OBJ-C	Java	C#
App 安全性	反编译难，安全性较高	反编译难，安全性较高	容易被反编译破解变造	反编译难，安全性较高
开源代码	部分开源	部分开源	开源	闭源
授权	低收费授权	独家自用	免费开源	高收费授权
技术支持	有	N/A	无	有
App Store 安全性	联通监管，安全可靠	苹果监管，安全可靠	监管良莠不齐，不安全	微软监管，安全可靠
产业可控	中国可控	苹果控制	谷歌控制	微软控制
信息安全	中国决定	苹果决定	谷歌决定	微软决定

5.3.3　沃 Phone 应用开发环境

沃 Phone 是一套完整的智能终端操作系统整体解决方案，应用开发者可使用沃 Phone 提供的配套工具开发各类应用。

沃 Phone 应用开发流程如图 5-4 所示。

图 5-4　沃 Phone 应用开发流程

沃 Phone 面向应用开发者提供完整的应用开发环境支持，如图 5-5 所示。

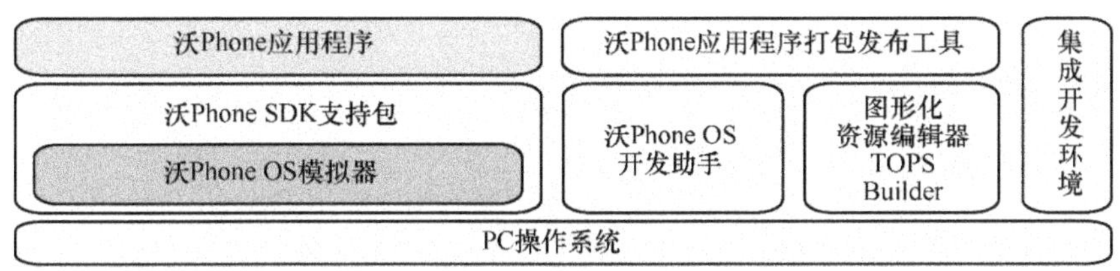

图 5-5　沃 Phone 应用开发环境

沃 Phone 应用开发环境构建在 PC 操作系统之上，主要包括以下几个方面。

（1）集成应用开发工具 IDE

借用 Visual Studio 2008 工具，集成安装沃 Phone Wizard 插件后，可以通过 Visual Studio 工程向导快捷生成沃 Phone 应用程序项目。图 5-6 和图 5-7 分别为新建工程向导和新建工程的项目资源的示意图。

图 5-6　沃 Phone 应用项目创建

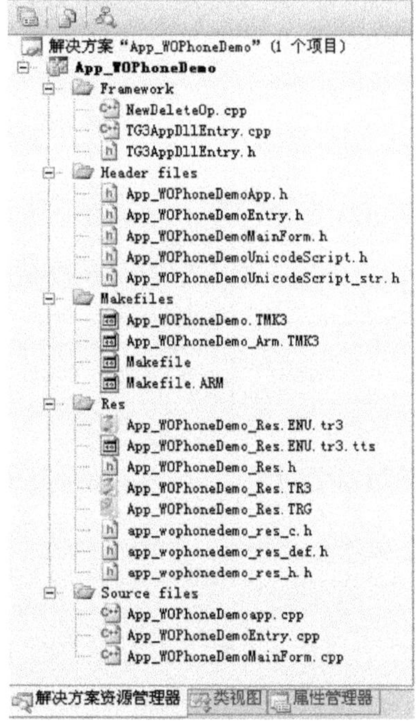

图 5-7　沃 Phone 应用项目资源树

使用 Visual Studio 2008 工具完成沃 Phone 应用项目的编辑和编译。

（2）软件开发工具包（SDK）

沃 Phone SDK 是一套完整的应用程序开发工具包，SDK 支持图形化的 UI 编辑器，所见即所得，并包含模拟器，在 PC 机上即可运行和调试应用程序，提高了开发效率。沃 Phone SDK 支持基于 C/C++ 语言的 Native 应用，并集成多种 C/C++ 扩展库。其主要功能包括以下几点。

1）支持 GPS、多点触控、重力加速度、距离传感器、光线传感器等主流传感器设备；

2）支持 OpenGL ES，同时支持主流的 Cocos2D 游戏引擎，可快速开发、移植 2D 和 3D 游戏；

3）支持 30 多种沃 Phone 标准控件，增强界面表现，凸显沃 Phone 风格，降低开发难度；

4）TCOM 组件技术，支持应用间协同工作；提供多种 TCOM 系统组件，方便用户调用，减少编码量；

5）支持多分辨率支持；

6）采用 Unicode 字符编码，便于国际化多语种支持；

7）内置多种示例程序和互联网应用模板，供开发者参考。

（3）基于 PC 的沃 Phone OS 模拟器

使用模拟器，开发者可以在 PC 机上运行和调试应用程序，提高开发效率。

（4）其他工具集

沃 Phone OS 开发助手、图形化资源编辑器（TOPS Builder）、沃 Phone 应用程序打包发布工具（TG3_Publish_Maker），为开发者提供各种工具辅助。

5.3.4　沃 Phone 支撑平台

沃 Phone 构建了支撑平台，方便用户使用，支持开发者的应用开发，其主要构成如图 5-8 所示。

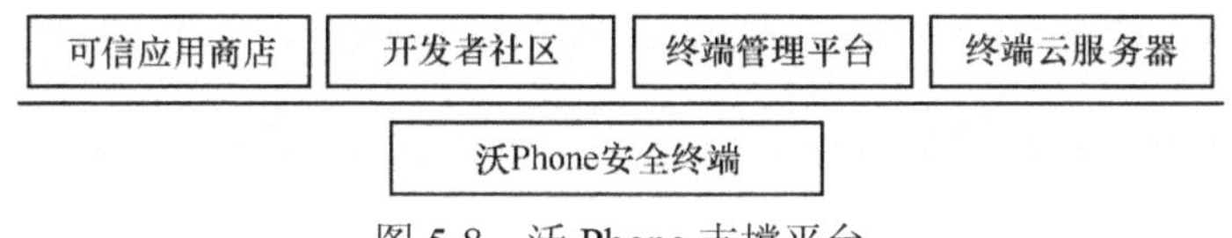

图 5-8　沃 Phone 支撑平台

沃 Phone 支撑平台包括可信应用商店、开发者社区、终端管理平台、终端云服务器。

（1）可信应用商店

联通为沃 Phone 构建了专用的可信应用商店，可实现从应用开发、应用签名和审核、应用分发到应用安装的全流程控制机制。沃 Phone 应用商店提供开发者应用分发平台，方便用户查找和下载应用。

（2）开发者社区

开发者社区是面向开发者提供的技术交流社区，并包含开发者应用发布流程支持。

（3）终端管理平台

终端管理平台实现终端各类配置信息、终端安全策略、终端操作系统软件的推送和更新。

（4）终端云服务器

终端云服务器可对移动终端上的通信录、照片等个人信息进行安全的云端存储、备份及恢复操作等。

5.3.5　沃 Phone 安全策略

安全是自主 OS 的核心需求和重要特征。沃 Phone OS 从系统各个层面都对系统进行了安全增强，提出完整的沃 Phone 终端安全架构。如图 5-9 所示。

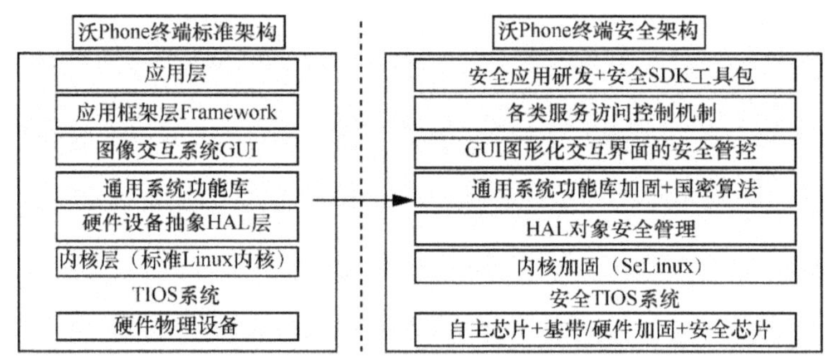

图 5-9　沃 Phone 安全架构

针对行业用户的安全需求，沃 Phone 对系统各层面实施了安全加固，强化了自主 OS 的安全性特点。

沃 Phone 安全终端主要融合了以下 6 大类安全功能。

1）系统完整性保护：刷机管控、系统升级管控。

2）应用软件可信管控：沃 Phone 应用开发采用了 C/C++语言，反编译困难，对应用程序安装管控，配合可信应用商店机制，从应用开发、应用签名和审核、应用分发到应用安装的全流程控制机制，避免过程中引入病毒，确保应用安全，并且主导推出了安全通话、安全短信、安全通讯录、安全邮件、安全文件柜、安全云存储等基础安全应用。

3）用户数据保护：提供个人信息保护机制，防止个人敏感信息的泄露，支持个人私密空间设置，对通讯录、短信、邮件、照片等可提供密码保护。

4）系统安全调用控制：从底层对敏感的无线网络功能（Wi-Fi/移动通信网络/蓝牙/GPS）和数据采集功能（拍照和录音功能）进行控制，防止应用后台打开摄像头、麦克风、GPS 等设备进行非法监听和非法定位。

5）终端丢失管控：对终端开机登录进行高安全级加密增强，防止他人非法解锁手机获取隐私机密信息；通过远程锁机、远程销毁、手机定位机制，协助找寻丢失的手机，在必要时可远程锁定手机或销毁手机数据以避免数据泄露。

6）加密通信：配合认证的加密 TF 卡，支持通过中国联通 WCDMA 网络实现加密通话功能，支持基于 IP 加密的安全沃信功能。

沃 Phone 安全架构，结合增强的安全功能和丰富的安全应用，为用户提供完整的安全终端解决方案。

5.3.6　沃 Phone 产业定位

沃 Phone 在智能手机、平板电脑、智能电视以及车载智能终端上均可以依赖统一的应用平台，其服务领域涉及手机内容服务、应用商城、电子商务、移动办公、地图服务、虚拟社区等。

沃 Phone 终端首创主从式双系统概念，开启 Android 中间件平台后可以兼容运行 Android 应用。典型的应用场景中，安全可控的沃 Phone 系统提供通信和个人敏感信息处理，安卓中间件支持丰富的安卓应用，提供娱乐功能。受控的 Android 运行环境可兼容丰富的安卓应用，其安全完全受沃 Phone 主系统控制，有效解决安卓应用偷跑流量、恶意扣费及其他安全问题。用户可无感知地在沃 Phone 主屏幕与安卓中间件屏幕间平滑切换。

沃 Phone OS 可满足大众、商务、企业和政府等各类市场的智能手机定制需求。

目前，沃 Phone 已初步建立了包括芯片、终端、运营商、系统软件商、应用软件商、安全方案商在内的完整生态产业链，共同推动沃 Phone 生态的发展。

1）应用软件方面：通过中国联通的努力，培养了一批第三方开发公司和个人开发者，适配了多款主流移动互联网应用。

2）手机厂商方面：吸引了国内外多家厂商参与了沃 Phone 终端定制，中国联通从 2009 年开始投入研发的沃 Phone OS，至今已经发布了多个版本若干款手机，包括中兴、TCL、同洲、天语等品牌。

3）芯片厂商方面：与国内外多家厂商的芯片平台展开适配与合作。

4）安全方案制定：联合多家安全机构与自主芯片厂商，打造"自主芯片＋自主 OS＋安全应用＋安全云端服务"的端到端的安全解决方案。

作为最早的完全自主可控的终端操作系统，沃 Phone 已经在业界具备了相当的影响力和号召力，沃 Phone 多次受邀参加技术论坛、通信博览会、高交会等各种展示，并作为自主 OS 的代表为党和国家领导人进行演示和汇报。

5.4　阿里 YunOS

作为互联网巨头，阿里早在 2010 年就开始了自主 OS 的研发，从最早的 YunOS1.0 至今已经历了三代，最新的 YunOS 3.0 于 2014 年年底发布。

早期的 YunOS 系统，称为阿里云 OS，对 Android 的硬件和软件之间的中间层进行了替换和修改，采用了 Android 的 Dalvik 虚拟机和 Framework，但又不兼容 Android，因此阿里跟 Google 之争一度被推到风口浪尖。Google 认为阿里破坏了 Android 的生态系统，最终迫于 Google 的压力，2012 年宏基与阿里在阿里云 OS 领域的合作被中止。

根据阿里官方解释，阿里云 OS 专门为基于 Android Dalvik 虚拟机的应用做了转码系统，在应用安装时做转码，搭载云 OS 的手机也能在基于 Android Dalvik 虚拟机中应用。阿里云 OS 通过转码和 API 对接，巧妙地利用了现有 Android 强大的生态系统，让现有的 Android 应用通过转码可以顺利地运行在阿里云的虚拟机上，其系统架构如图 5-10 所示。

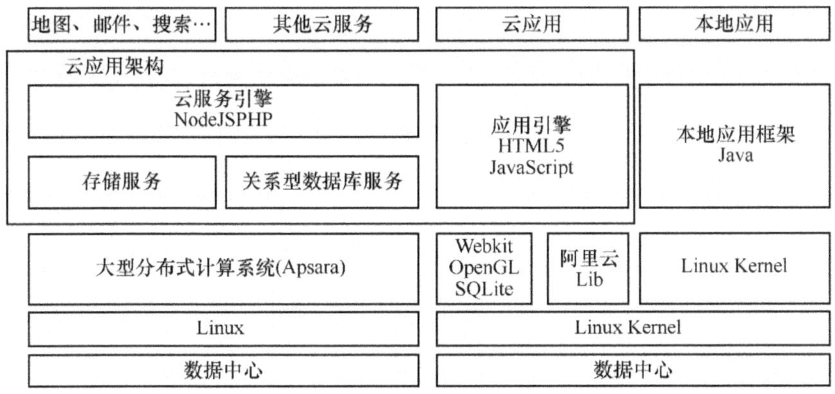

图 5-10　阿里云 OS 架构

Google 对与阿里云之争的官方解释是，阿里云不承认自身属于 Android 生态系统的一部分，但又采用了 Android 的运行环境、框架和工具。事实上，阿里云替换自主的 OS 发展必然会导致 Google 控制下的 Android 生态系统在未来发展的不一致性。很明显，阿里云 OS 直接挑战了 Android 生态是 Google 强烈反对的关键原因。

迫于 App 的限制，YunOS 兼容 Android 本地应用，这也是 YunOS 被误解为基于安卓二次开发的重要原因。但是，从技术上来说阿里云确实是独立的操作系统，而不是改版的 Android。尤其是，从 YunOS 2.x 开始 YunOS 采用了自主虚拟机，YunOS 3.0 更是重构了核心服务架构，成为一个独立的操作系统平台，YunOS 3.0 架构如图 5-11 所示。

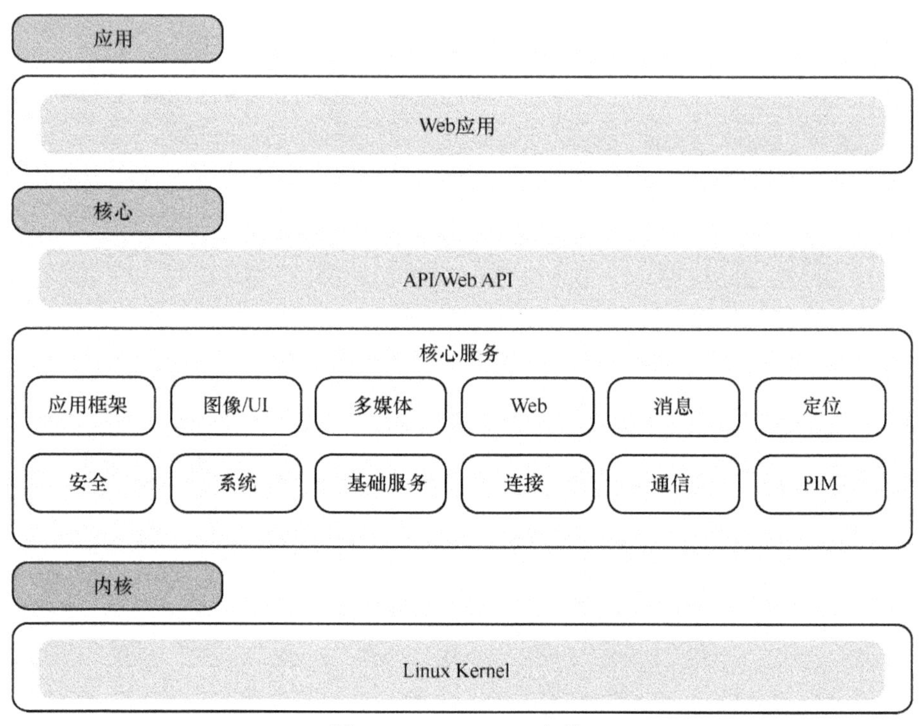

图 5-11　YunOS 3.0 架构

YunOS 3.0 基于 Linux 内核以及 WebKit、OpenGL 和 SQLite 等开源库，在 API 和应用层都大量调用了基于 Web 端的云计算，采用了最新的 HTML5 技术。此外，

云应用经过云端压缩技术，比本地 App 更省流量。

在安全方面，YunOS 针对硬件层、内核层、应用层和云安全进行了系统安全架构设计，更对数据安全、资金账号安全等核心的问题进行了系统化防护，最大程度地保障用户信息及资产安全。YunOS 通过对系统由底层向上层加固，从机密性、完整性、可用性和抗抵赖性等多方面构建了完整的安全体系。同时，YunOS 还获得工信部 5 级安全认证，采用 YunOS 操作系统的终端即意味着能继承此安全认证的能力。

YunOS 的开发初衷是打造独立的操作系统并形成自己的生态系统。YunOS 是运行在数据中心和移动终端上的操作系统，含有地图、邮箱和搜索等在内的互联网基础服务。YunOS 融合了阿里巴巴在云数据存储、云计算服务以及智能设备操作系统等多领域的技术成果，并且可搭载于智能手机、智能机顶盒（DVB/IPTV/OTT）、互联网电视等多种智能终端设备。

随着"互联网+"的兴起，YunOS for Car 被正式列入下一步战略计划，阿里巴巴紧密部署，并于 2015 年 4 月 22 日与上汽合作成立公司，着手于互联网汽车的研发。YunOS for Car 针对行车环境进行了语音功能的深度定制，可直接实现语音唤起导航、打电话、播放歌曲、听收音机、查询天气等功能，解放司机的双手，更专注行车安全，并且采用高德导航作为内置导航，集成了虾米音乐资源，丰富车内娱乐。此外，该系统内置应用中心，提供由专业的运营团队筛选并严格安全机制审核的专属应用。通过与车机厂家的紧密合作，YunOS for Car 还能提供车辆信息显示、倒车影像等传统服务。

5.5　元心 OS

不同于 Android、iOS，元心 OS 是在 Linux 的开源 Mer 项目基础上发展的智能移动操作系统，而 Mer 的前身正是诺基亚与英特尔联合开发的 MeeGo 操作系统。基于 Mer 开发的操作系统并不只有元心，还有当前由三星主导的系统——Tizen。

元心 OS 坚持技术国产自主、生态系统可控。在系统安全方面，元心 OS 具备 Root 分权、多重访问控制、细粒度敏感权限控制等特性，使用 TrustZone 安全机制通过安全引导确保系统完整性并实现系统安全启动，此外还支持国产身份认证体系、数据隔离等。另外，元心还推出了基于核心硬件国产化的元心 Phone 安全手机，其处理器采用国产展讯芯片，定位采用北斗导航模块。元心 OS 产业组成如图 5-12 所示。

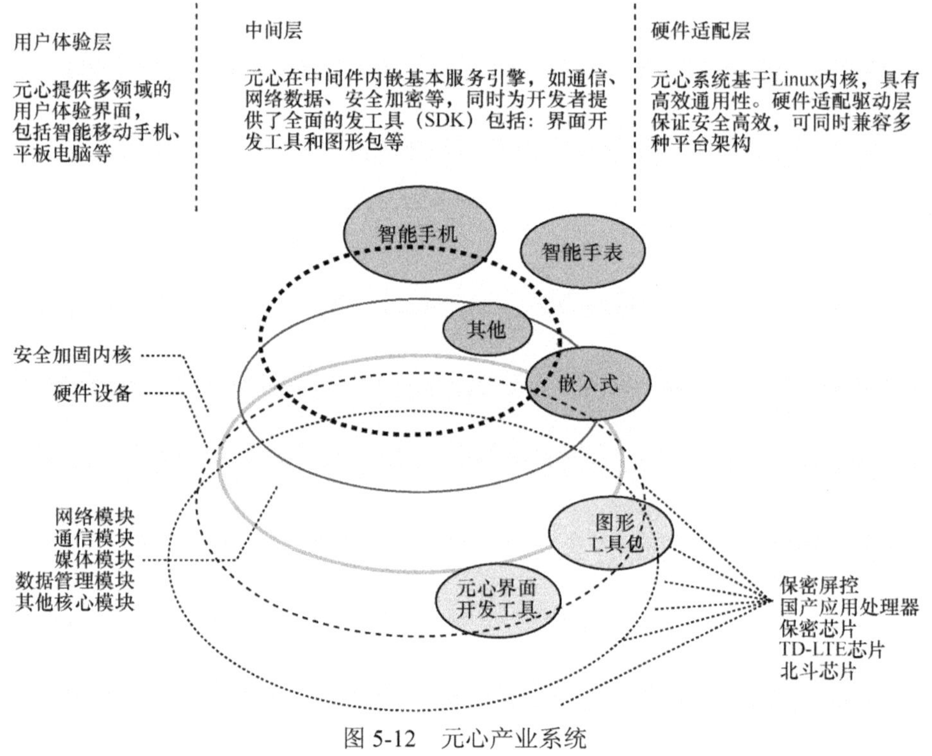

图 5-12　元心产业系统

与其他国产 OS 类似，元心 OS 面临的主要困境是 App 很少，缺乏完整的手

机生态系统，而手机生态系统的培养一直都是国产操作系统发展的一道壁垒。因此，元心将研发重点转入了双系统安全手机方向，元心 OS 定位于解决企业应用及其他安全需求，并利用 Android 庞大的 App 来满足用户的娱乐体验。在 2015 年年底终端安全峰会上，展讯提出了基于元心 OS 的双系统安全产品——紫潭安全手机，专注于对安全有较高需求的小众高端用户市场。

5.6　其他定制 OS

定制 OS 是相对于原生 OS 而言，终端厂商可以在原生 OS 基础上做一些修改，实现自己的一些功能。目前大多的定制 OS 都是基于开源的 Android 操作系统改进而来。

目前最主流的定制系统主要是针对 UI（User Identification，用户界面）优化的定制系统，包括 MIUI、EMUI 等。个性化的 UI 也容易吸引特定的用户，完全兼容原生应用，难度相对较低。

用户界面产品市场中一直处于领先地位的当数 MIUI。MIUI 是基于 Android 所开发的 Android ROM，在用户交互方式角度全面改进了原生 Android 系统，带给用户更为贴心的 Android 智能手机体验。MIUI 强调的是交互体验，通过构建用户体验需求快速响应机制，吸引了大量初始用户。从 2010 年 8 月 16 日首个内测版发布至今，MIUI 目前已经拥有国内外超过 1 亿的发烧友用户。上千款的个性主题以及百变的锁屏一直是早期 MIUI，甚至是小米公司吸引用户的重要工具。

Emotion UI 是华为基于 Android 进行开发的情感化用户界面。华为最新发布的荣耀 7 系列搭载全新的 EMUI 3.1 版本，简洁的界面无不透露着小清新的风格，别具一格的智灵键带来的情感化界面改变着人们的交互体验，双卡盲插以及双网智能切换，兼顾了智能性和实用性。

单从一款手机 UI 来讲，无论 MIUI 还是 EMUI 无疑都是成功的产品，UI 已经成为了用户选择手机的一大标准，企业通过各自生态圈的搭建，形成自己品牌的 UI 特色。在 UI 细节设计上，二者各有千秋，并且粉丝特征显著，忠诚度较高。但是 UI 只是生态圈的一部分，进一步提高生态控制程度是一项长期的艰巨挑战。

另一类深度定制系统，指对中间层做了定制性修改，对 Android 系统一般是修改 Dalvik 虚拟机的一些设置，如 OMS 操作系统。深度定制系统集成了增强型中间件，优化应用支持，但不是对 Android 的简单复制。

中国移动曾在 2009 年核高基自主操作系统研发课题中，推出 OMS 操作系统和 OPhone 定制手机。与沃 Phone 不同，OPhone 是基于 Android 平台的二次开发，也就是对 Android 的深度定制，OPhone 修改了 Dalvik 虚拟机的一些设置，集成了大量的增强型中间件，内置了中国移动的服务菜单、音乐随身听、手机导航、号簿管家、139 邮箱、飞信、快讯和移动梦网等特色业务。然而，由于 Android 系统升级节奏太快，跟随战略的定制系统在产品研发和技术支持方面存在较大的困难，在 2011 年 OPhone 手机基本销声匿迹了。

定制 OS 对 Android 系统依赖程度极高，Google 对于系统定制的态度一向比较含糊，虽然没有明确表示反对，但是也并不支持，还提出了明确的要求，就是必须通过操作系统的兼容性测试（CTS, Compatibility Test Suite）。不仅如此，通过 CTS 测试之后便允许在设备上使用 Android 商标，它标志着该设备能够良好兼容软件市场中的大量应用程序，基于 Android 深度定制的国内厂商必须满足这一要求。也就是说这些定制对 Android 而言仅仅换了件衣服，跟 Google 一贯标榜"只要兼容，我们欢迎"态度一致，因为这些定制 OS 并没有从根本上动摇 Google 的生态系统。

对国内终端厂商来讲，基于 Android 深度定制的操作系统受到 Google Android

系统更新的制约，必须在更新上与 Android 进行同步。而 Android 更新速度很快，而且变动难以预料，深度定制的系统也会面临一定的风险。除此之外，深度定制系统还是无法改变 Android 开放的特性，也与 OS 自主可控的特性无关。

5.7　国产 OS 的生态环境建设

生态环境是智能终端操作系统的关键环节。自主 OS 在发展中面临的最大困难即在于生态环境建设。

自主 OS 在体系上都包含了基础生态环境支持，提供 OS 移植和适配、基础应用支持、应用商店支持等，在推出丰富定制终端之外，大力吸引和扶植应用开发者。

从 Android 的强势发展中也不难看出，应用在智能终端操作系统中有着举足轻重的关键地位：所有的系统功能是通过应用的方式提供给用户，五花八门的应用满足了用户稀奇古怪的需求，正是这些应用造就了 Android 繁荣的生态圈。

所以，自主 OS 为解决生态中应用规模不足的问题，纷纷采用了兼容或利用 Android 应用的方式，主要有以下两种途径。

1）应用转码：之前版本的阿里云 OS 中专门为基于 Android Dalvik 虚拟机的应用做了转码系统，在应用安装时做转码，以兼容现有 Android 强大的生态系统，现有的 Android 应用通过转码可以顺利地运行在阿里云的虚拟机上，但这种方式被 Google 强烈反对。

2）双系统：沃 Phone 和其他自主 OS 基本都采用双系统解决方案。双系统方案大多采用自主 OS 提供安全服务和个人敏感信息管理、Android 从系统支持丰富的 Android 应用和娱乐功能的系统功能划分。由于双系统中的 Android 系统仍旧承袭了 Google 生态，目前 Google 未对这种方案表示明确的态度。典型双系统设计如图 5-13 所示。

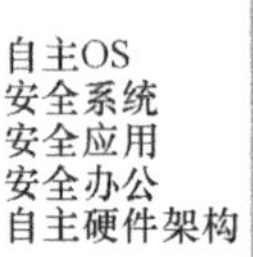

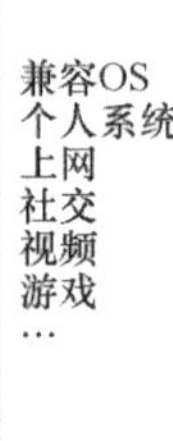

图 5-13　双操作系统设计

但是，不管是哪种折衷的解决方案，借用其他系统的应用生态仍旧是一定时期内的折衷解决方案。对自主 OS 来说，增强自身应用规模，提升自主产业能力，仍旧是各自主 OS 持续努力的方向。

5.8　小结

本章主要介绍国产 OS 的发展概况，介绍了几款主要的国产 OS 系统，并分析了国产 OS 在生态环境建设的努力和尝试。移动互联网是一个已经爆发的战略性新兴产业，随着网络安全问题不断引发的争议，培育自主安全的操作系统重要性越发凸显。国产自主 OS 的意义也远不止占领智能终端市场，随着物联网、大数据应用，OS 作为各类型智能终端的接入端，其意义更加凸显。

Chapter 6

应用商店和应用的安全管理机制

6.1 概述

大规模应用是智能终端操作系统真正的生命活力体现。截至 2014 年 12 月，Google Play Store 的 Android 应用总量为 143 万款，iOS App Store 的 iOS 应用总量为 121 万款，Windows Phone 的应用总量为 30 万款。在此基础上，各平台的应用数量仍保持着高速发展，截至 2015 年 7 月，iOS App Store 的应用总数已达到 150 万款。

丰富多彩的应用是智能终端最重要的组成部分，但海量应用也给智能终端和消费者带来各种各样的安全风险，应用安全是移动互联网信息安全的关键。

应用安全贯穿应用的内容、分发过程以及使用过程的始终。当前，应用内容审核及分发管理由各种各样的应用商店来保障，而应用使用安全则通过构建在智能终端系统的应用管理机制来维护。

6.2　应用商店管理机制

应用商店体系由一个应用下载平台和一个终端客户端组成，为支持开发者的应用开发工作和应用作品上传等，通常还包括一个开发者社区。

应用商店是保障应用内容和分发安全的重要手段，系统厂商和终端厂商建立基于应用商店的安全体制，以提高应用的安全性。

应用商店会对上架应用进行审核，以确保应用在内容保护、版权、收费、安全性、功能性等方面不存在安全问题。通用的应用审核机制包括如下几方面。

1）签名审查，支持证书签名的商店会对开发者的应用签名进行审查，以保证应用来源的合法性。

2）内容审查，保证应用不违反当前法律、法规的各项要求，检查应用内容是否涉嫌侵权等。

3）应用收费情况检查，检查应用的收费点、价格、收费方式等，保障用户的消费安全。

4）安全性检查，检查应用是否有木马、病毒等安全风险。

5）功能性检查，依照开发者说明书对应用进行测试，验证应用的功能是否达到设计要求。

审核方式一般采用系统自动扫描和人工测试相结合的方式。

严格的应用审核及应用分发过程管理构成了应用商店安全管理机制，不同的应用商店在具体使用的安全措施上稍有不同。

6.2.1　苹果 App Store 的应用分发机制分析

2015 年 6 月 8 日，苹果在苹果全球开发者大会(WWDC, Apple Worldwide

Developer Relations Certification Authority)上表示，苹果 App Store 应用下载量已经突破 1 000 亿次。作为苹果直接管理的 iOS 唯一的应用分发市场，iOS App Store 在应用审核、上架、下载等方面的管理机制都有相应的安全措施。

App Store 对上架应用进行了严格的审核，其应用发布流程如图 6-1 所示。

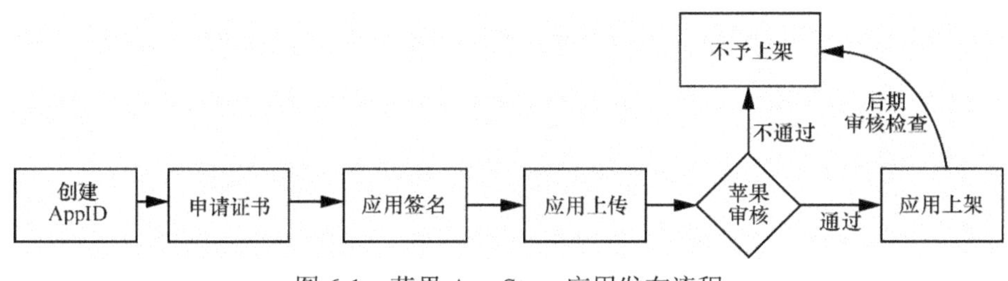

图 6-1　苹果 App Store 应用发布流程

如图 6-1 所示，开发者完成应用的开发和测试后，需要为这个应用创建唯一的 AppID，然后申请获得通过 WWDR 的 CA 数字证书，为自己的应用签名，应用上传之后会经过苹果的审核，通过苹果严格的安全测试的应用方可在 App Store 上架。

AppID 是用来表明应用身份的 ID 号，可以认为 AppID 是 iOS 应用的身份证，应用在 App Store 正式发布时需要有唯一的 AppID 号。而在应用版本更新时，只需关联之前版本的 AppID。

开发者需要为应用申请证书并进行签名。App Store 要求每一个提交发布的应用都必须使用苹果全球开发者关系证书颁发机构（WWDR，Apple Worldwide Developer Relations Certification Authority）的 CA（Certificate Authority，数字证书认证中心）证书签名认证。

经过签名的 WWDR 的 CA 数字证书采用通用的 X509 格式，以 PKCS#12 格式存储，包含用户的公钥、用户个人信息、证书颁发机构信息、证书有效期等信息以及证书签名。证书格式如图 6-2 所示。

图 6-2　证书格式

　　证书的数字签名是将上述证书本身的内容使用散列算法得到一个固定长度的信息摘要，然后使用自己的私钥对该信息摘要加密生成数字签名，整个过程如图 6-3 所示。

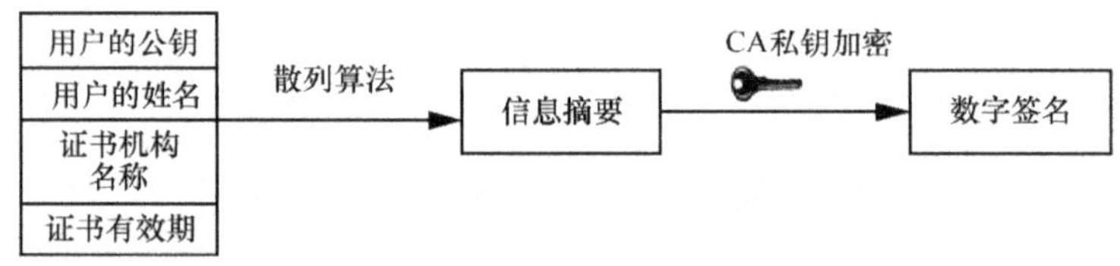

图 6-3　证书签名过程

　　iOS 系统持有 WWDR 的公钥，系统首先会对证书内容通过指定的散列算法计算得到一个信息摘要；然后使用 WWDR 的公钥对证书中包含的数字签名解密，从而得到经过 WWDR 的私钥加密过的信息摘要；最后对比两个信息摘要，如果内容相同就说明该证书可信。整个证书验证过程如图 6-4 所示。

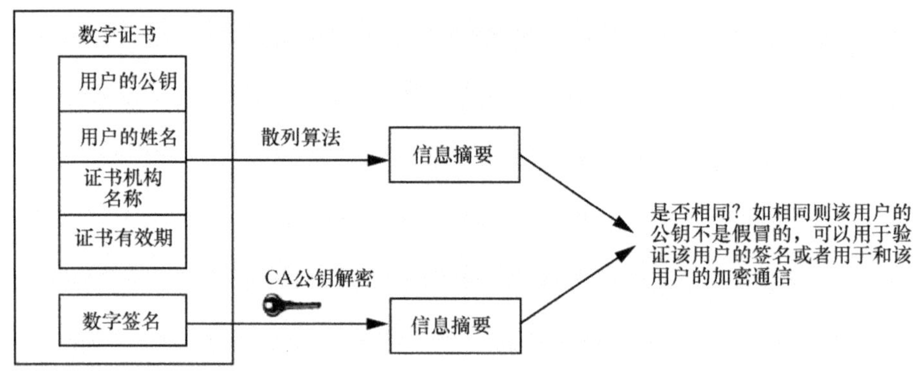

图 6-4　证书验证过程

在验证了证书可信以后，iOS 系统就可以获取到证书中包含的开发者的公钥，iOS 系统通过从证书中获取到的公钥来验证开发者用该公钥对应的私钥签名后的代码，验证资源文件等有没有被更改破坏，并确定开发者的合法身份。

App Store 同时有对应用内容检查的规则，并通过一系列测试验证所提交的应用内容不违反相关规定。App Store 对应用的审核非常严格，涉及功能、元数据、位置信息收集、推送通知、游戏信息管理、广告、商标和商品外观、内容、用户界面、支付机制、设备保护、隐私保护等各个方面。

通过审核之后的应用会在 App Store 上架供用户检索和下载。

相对于其他的应用商店，苹果 App Store 审核时间最长，也最严格。通过审核上架的应用也会有后期的检查和举报处理，对于违规应用将会处以下架的处理，对于开发者也有相应的处罚机制。

苹果对于 iOS 应用安装的管理比较封闭，非越狱的苹果用户只能安装通过 iTunes 下载的来自 App Store 应用以及企业应用，通过 iTunes 下载 App Store 应用主要包括以下流程。

1）登录 iTunes 和授权认证：iOS 终端使用用户的 AppleID 和密码登录，登录成功之后，App Store 服务器将返回包含授权认证参数的文本信息，其中包含用于用户请求服务器下载的授权认证参数。

2）应用下载：在 App Store 服务器验证用户登录之后，即用户获取授权认证参数之后，客户端根据用户需求的应用唯一标识 AppID，向服务器请求下载应用。App Store 服务器根据用户提交的授权认证参数及应用标识 AppID，搜索需要下载的应用相关信息，返回包含应用下载链接及相关参数的信息给客户端，客户端解析信息文本提取应用的下载链接。客户端根据上一步获取的下载链接及下载请求的相关信息，向 App Store 服务器请求下载应用，服务器将应用文件以字节流返回客户端，客户端将字节流以 ipa 文件保存到本地，即完成下载。

苹果公司在售卖 iPhone 手机和 iPad 等终端设备之外，还持续不断地推出其他附加服务，如支付、广告等，苹果向开发者提供附加服务的开放能力支持，并纳入了其应用开发技术体系中。

在应用审核环节，App Store 是一个不透明的审核机构，App Store 的人工审核把关存在严重的不确定性和不统一性，也常被批评针对某些应用或服务的审核缺乏必要的公正性。例如，2012 年某应用由于在其应用中包含了 Dropbox 的链接而在上架审核时被拒绝，对此相当多的开发者认为最主要的原因是排挤，开发者会因为使用 Dropbox 面临的审核风险转而考虑使用苹果推出的 iCloud 服务。

由于苹果对 iOS 生态极高的掌控程度，苹果 App Store 目前仍旧是最安全的公众市场应用分发平台，其安全体系也被各应用商店借鉴和使用。

6.2.2　谷歌 Play Market 的应用分发机制分析

Google Play Market 是 Android 最大的应用分发平台，截至 2014 年年底，在应用总数上已经超过苹果 App Store。Google Play Market 在应用审核、上架、下载等方面的管理机制也有自己相应的安全措施。

在应用审核方面，2015 年 3 月之前，Google Play Store 并不直接对应用进行事前检查，只要经过 Android 数字证书签名的应用提交后都可直接发布，只在发布后定期进行后台恶意代码扫描检查，审核整体较松。在 2015 年 3 月，Google Play Store 加强了应用提交后的审核要求，包括通过自动扫描检测恶意代码以及人工审核应用内容环节，为应用安全增加了保障。但是审核时间相较于苹果 App Store 短很多，通常不超过一天。

Google Play Market 的应用发布流程如图 6-5 所示。

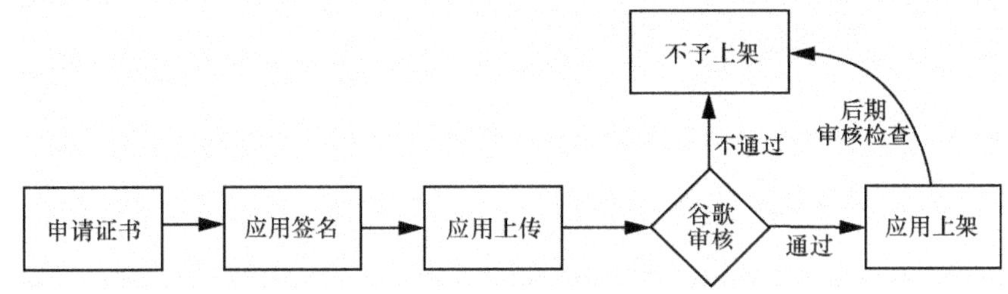

图 6-5　Google Play Market 应用发布流程

与苹果 App Store 流程相比，Google Play Market 的流程中没有申请 AppID 的环节，因为 Android 应用开发环节只需要定义应用名称，没有 AppID 的概念。

Google Play Market 原则上要求每一个发布的应用都经过数字证书签名，这个数字证书用来标识应用程序的作者以及在应用程序之间建立信任关系，它只是用来让应用程序包自我认证，Android 系统将在应用安装前检查数字证书。Android 签名证书不需要权威的证书签名机构认证，可以使用自签名证书（SSL，Self-Signed Certificate）。对于没有得到安卓认可的证书颁发机构颁发的证书或者是自签名证书，Android 系统在应用安装时会给出安全提示。

Android 应用的数字证书与苹果 iOS 应用的数字证书类似，同样采用通用的 X509 格式，以 PKCS#12 格式存储，包含用户的公钥、用户个人信息、证书颁发机构信息、证书有效期等信息以及证书签名。应用的验签也与苹果类似，数字证书用来标识应用程序的作者及在应用程序之间建立信任关系，而不是用来决定最终用户可以安装哪些应用程序。

由于没有限制，考虑到费用和开发方便，60%以上的 Android 应用都使用了自签名证书，相对苹果的认证数字证书体系安全性较低。

终端通过 Google Play Market 下载和安装应用的流程如下。

1）登录和验证授权：终端通过用户 Google Play Market 账号密码登录，登录成功之后，Google Play Market 服务器将返回授权认证参数。

2）应用下载安装：在 Google Play Market 服务器验证用户登录之后用户根据应用名称，获取应用的唯一标识 ID，向服务器请求下载应用。Google Play Market 服务器根据用户提交的授权认证参数及应用标识返回包含应用下载链接及 cookie 的信息给客户端，客户端解析信息文本提取应用的下载链接。客户端根据上一步获取的下载链接及 cookie 向服务器请求下载应用。

3）终端检查应用的签名证书，校验通过后安装。

如前所述，Google Play Market 对于 Android 应用的管理是开放的，任何来源的应用只要经过合法数字签名都可以在 Android 终端安装。用户只需要简单地设置即可安装使用未经 Google 官方审核的其他来源的应用。如图 6-6 所示，用户勾选未知来源允许安装未知来源的应用程序。

图 6-6　未知来源应用安装许可

Google Play Market 服务未面向国内开通，这直接导致了国内面向 Android 系统的第三方商店比国外更加丰富多彩。

6.2.3　其他第三方商店的应用分发机制分析

Google 构建的应用服务体系未面向国内提供，国内的 Android 应用分发主要依赖第三方商店完成。有代表性的包括分类网站性质的安卓网（hiapk.com）等；手机工具衍生的 91 助手、豌豆荚、百度手机助手等；手机厂商主导的华为应用市场（华为）、中兴应用商店（中兴）、三星应用商店（三星）等；运营商主导的沃商店（联通）、中国移动应用商城（移动）、天翼空间应用商城（电信）等。

第三方厂商认为应用商店是用户最终应用体验的入口，投入大量资源争夺，应用商店曾经一度表现为百花争鸣、百家齐放的场面，现阶段主要表现为稳定发展的态势。

应用分发机制上，第三方商店大多类似，通过应用测试控制应用质量，通过安装在用户终端的商店客户端推送应用，大多不过度参与对应用运行其他环节的管控。

以联通的沃商店为例，标准第三方应用商店的开发者应用操作流程如图 6-7 所示。

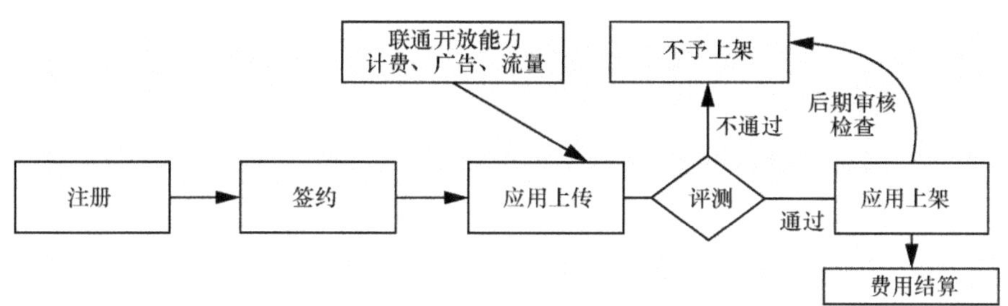

图 6-7　联通沃商店应用发布流程

（1）注册

联通沃商店的开发者入口是联通开发者社区，网址 http://dev.wostore.cn/，根据注册页面注册流程指示使用手机号完成注册，可选的开发者类型包括：计费机构开发者、免费机构开发者、个人开发者 3 种。

（2）签约

签约部分，主要是针对游戏类应用的内容购置和联运的合作协议、应用内支付的合作协议的签约，以及通用应用的信息安全责任承诺书、廉洁合作协议、保密协议等的签署。

（3）应用上传

开发者从开发者社区的"上传应用"栏目处上传应用，区分计费和免费应用类别，并针对计费应用提交计费点说明等文档。

（4）评测

开发者应用上传后，提交作品评测。联通沃商店的应用评测由沃商店运营方小沃科技负责，评测范围包括游戏玩法、美术效果、计费点设置等，对优秀内容可以获得沃商店免费推广资源配套、计费优惠政策等支持。一般应用评测在 1~2 个工作日即可完成。

（5）应用上架

应用上架，提供给用户浏览和下载。

（6）联通开放能力

联通为应用开发者提供开放能力支持，包括计费能力接入、广告接入、流量能力接入、账户能力接入。

（7）费用结算

周期性地面向开发者结算应用费用。

如前所述，第三方厂商认为应用商店是用户最终应用体验的入口，所以第三方商店构建的关注重点并不在于分发安全管控上，而在于提供一个向用户推送应用的渠道，并集成自身的开放能力实现自身主体服务价值的提升。

6.3　终端应用管理机制

终端应用管理是应用安全的屏障。终端应用管理通过终端对应用的签名检查、功能权限检查、应用调用能力管理等细分机制，提高应用使用的安全性。

6.3.1　应用签名检查

在应用商店发布的应用大多都经过应用商店和开发者的签名以确保应用来源的安全性，终端的应用安装管理器会查询应用的签名以验证应用的合法性。

iOS 应用开发者在应用商店注册时会获取一个开发者证书，iOS 系统强制将应用开发和分发限定在苹果公司的体系之内，即 iOS、App Store 和 iTunes，三者形成闭环以增强应用的安全性；Android 系统虽未对签名证书的来源进行严格的限定，但默认也会对应用来源进行检查。

但实际使用中，相当多的 Android 用户会打开未知来源应用安装许可选项以安装其他来源的应用，iOS 用户中也有一定比例会通过越狱的方式获取开放的应用安装权限，在应用安装便利的同时破坏了系统的应用签名检查措施，为移动终端带来了安全风险。

6.3.2　应用权限申请

根据用户的使用体验，Android 涉及的权限大致分为 3 类：手机所有者权限，即 Android 手机用户不需要输入任何密码，就具有安装一般应用软件、使用应用程序等的权限；ROOT 权限，Android 系统的最高权限，可以对系统中所有文件、数据进行任意操作；Android 应用程序权限，Android 应用程序对 Android 系统资源的访问需要的相应访问权限，该权限在应用程序设计时设定，在 Android 系统中初次安装时生效。

Android 对其框架内各种对象(包括设备上的各类数据、传感器、拨打电话、发送信息、控制别的应用程序等)的访问权限进行了详细的划分。应用程序在安装和运行前必须向 Android 系统声明它将会用到的权限，否则 Android 将会拒绝该应用程序访问超过该权限许可的内容。应用程序设计的权限不能大于 Android 手机所有者权限，并需在开发者的开发过程中申请并获得授权。

Android 定义了百余种 permission，可供开发人员使用，具体详见网址：http://developers.androidcn.com/reference/android/Manifest.permission.html。

Android 提供的应用权限，具体如表 6-1 所示。

表 6-1　Android 应用权限

序号	名称	描述
1	ACCESS_CHECKIN_PROPERTIES	允许应用读/写接入数据库中的"properties"表，并且可以更改、更新数据
2	ACCESS_COARSE_LOCATION	允许应用以 Cell-ID、Wi-Fi 等方式获取当前大致位置
3	ACCESS_FINE_LOCATION	允许应用以 GPS 等方式获取当前精确位置
4	ACCESS_LOCATION_EXTRA_COMM_ANDS	允许应用接入访问其他位置服务商
5	ACCESS_MOCK_LOCATION	允许应用创建测试用的模拟位置信息
6	ACCESS_NETWORK_STATE	允许应用访问网络接入信息
7	ACCESS_SURFACE_FLINGER	允许应用获取 SurfaceFlinger 的底层属性
8	ACCESS_WIFI_STATE	允许应用获取 Wi-Fi 网络信息
9	ACCOUNT_MANAGER	允许应用启动账户认证
10	AUTHENTICATE_ACCOUNTS	允许应用充当账户管理者完成账户认证
11	BATTERY_STATS	允许应用获取电池统计信息
12	BIND_APPWIDGET	允许应用通知 AppWidget 服务：（当前应用）可以访问 AppWidget 数据
13	BIND_DEVICE_ADMIN	设备管理服务必须拥有的权限，确保只有系统可以通过设备管理服务与设备对象进行交互
14	BIND_INPUT_METHOD	输入法服务（Input Method Service）必须拥有的权限，只有系统可用

续表

序号	名称	描述
15	BIND_WALLPAPER	桌面壁纸服务（Wallpaper Service）必须拥有的权限，只有系统可用
16	BLUETOOTH	允许应用连接已配对的蓝牙设备
17	BLUETOOTH_ADMIN	允许应用搜索蓝牙设备并配对
18	BRICK	禁用设备的权限（非常危险！）
19	BROADCAST_PACKAGE_REMOVED	允许应用在某个应用卸载时发出一个广播通知
20	BROADCAST_SMS	允许应用发出一个收到短信的广播通知
21	BROADCAST_STICKY	允许应用联系广播
22	BROADCAST_WAP_PUSH	允许应用广播一个 WAP PUSH 通知
23	CALL_PHONE	允许应用不经过用户拨号界面直接拨号
24	CALL_PRIVILEGED	允许应用不经过用户拨号界面拨打任意电话号码（包括应急号码）
25	CAMERA	允许访问摄像头
26	CHANGE_COMPONENT_ENABLED_STATE	允许应用改变应用组件（可以是其他应用）的启用状态
27	CHANGE_CONFIGURATION	允许应用改变当前配置，如位置
28	CHANGE_NETWORK_STATE	允许应用改变网络连接状态
29	CHANGE_WIFI_MULTICAST_STATE	允许应用进入 Wi-Fi 多播模式
30	CHANGE_WIFI_STATE	允许应用改变 Wi-Fi 连接状态
31	CLEAR_APP_CACHE	允许应用清除设备上已安装应用的所有缓存数据
32	CLEAR_APP_USER_DATA	允许应用清空用户数据
33	CONTROL_LOCATION_UPDATES	允许启用/禁用移动网络位置更新提示信息
34	DELETE_CACHE_FILES	允许应用删除缓存文件
35	DELETE_PACKAGES	允许应用删除应用包
36	DEVICE_POWER	允许访问底层电源管理
37	DIAGNOSTIC	允许应用读写诊断资源
38	DISABLE_KEYGUARD	允许应用禁用键盘锁
39	DUMP	允许应用从系统服务中获取 dump 信息
40	EXPAND_STATUS_BAR	允许应用扩展或收缩状态栏
41	FACTORY_TEST	应用以工厂测试方式运行，有 root 权限
42	FLASHLIGHT	允许访问闪光灯
43	FORCE_BACK	允许应永强制发起一个"回退"操作，而不论该应用是否是顶层 Activity

续表

序号	名称	描述
44	GET_ACCOUNTS	允许访问认证服务的账号列表
45	GET_PACKAGE_SIZE	允许应用获取任意应用占用的空间
46	GET_TASKS	允许应用获取当前或最近运行的应用信息：如系统中运行的任务缩略图
47	GLOBAL_SEARCH	允许应用启动全局搜索功能
48	HARDWARE_TEST	允许访问硬件辅助设备，用于硬件测试
49	INJECT_EVENTS	允许应用向事件流注入用户事件（如按键、触摸、轨迹球等），并传递给任意窗口
50	INSTALL_LOCATION_PROVIDER	允许应用向位置管理器添加一个位置服务提供商
51	INSTALL_PACKAGES	允许一个应用安装任意应用
52	INTERNAL_SYSTEM_WINDOW	允许应用打开系统用户界面窗口，只有系统可用
53	INTERNET	允许应用打开网络连接
54	KILL_BACKGROUND_PROCESSES	允许应用调用 killBackgroundProcesses(String)，用于结束后台进程
55	MANAGE_ACCOUNTS	允许应用管理账户管理器中的账户列表
56	MANAGE_APP_TOKENS	允许应用管理（创建、卸载、Z 轴）窗口管理器中的应用标记
57	MASTER_CLEAR	允许应用清理系统配置信息，执行软格式化
58	MODIFY_AUDIO_SETTINGS	允许应用修改全局声音设置
59	MODIFY_PHONE_STATE	修改电话状态，飞行模式、工程模式等
60	MOUNT_FORMAT_FILESYSTEMS	允许格式化外接移动存储设备的文件系统
61	MOUNT_UNMOUNT_FILESYSTEMS	允许挂载和卸载外接移动存储设备的文件系统
62	PERSISTENT_ACTIVITY	允许应用创建一个永久性的 activity
63	PROCESS_OUTGOING_CALLS	允许应用监控、修改或忽略呼出的电话
64	READ_CALENDAR	允许应用读取用户日程数据
65	READ_CONTACTS	允许应用读取用户联系人数据
66	READ_FRAME_BUFFER	允许应用获取屏幕截图，或其他访问帧缓存数据的操作
67	READ_HISTORY_BOOKMARKS	允许应用读取用户浏览历史记录和书签，但不可修改
68	READ_INPUT_STATE	允许应用读取当前输入状态
69	READ_LOGS	允许应用读取底层系统日志文件
70	READ_OWNER_DATA	允许应用读取所有者数据

续表

序号	名称	描述
71	READ_PHONE_STATE	允许获取手机状态，但不可写
72	READ_SMS	允许应用读取短消息
73	READ_SYNC_SETTINGS	允许应用读取 Google 在线同步设置
74	READ_SYNC_STATS	允许应用读取 Google 在线同步状态
75	REBOOT	允许应用发起重启设备的请求
76	RECEIVE_BOOT_COMPLETED	允许应用接收系统启动完成后发出的 ACTION_BOOT_COMPLETED 通知
77	RECEIVE_MMS	允许应用监听接收的彩信，可以记录或作其他处理
78	RECEIVE_SMS	允许应用监听接收的短信，可以记录或作其他处理
79	RECEIVE_WAP_PUSH	允许应用监听接收的 WAP 推送消息
80	RECORD_AUDIO	允许应用录音
81	REORDER_TASKS	允许应用修改 Z 轴任务排序
82	RESTART_PACKAGES	已过时，已不再支持 restartPackage(String) API
83	SEND_SMS	允许应用发送短消息
84	SET_ACTIVITY_WATCHER	允许应用设置 activity 观察器，监控 activity 启动
85	SET_ALWAYS_FINISH	允许应用在被置于后台时能够立刻退出
86	SET_ANIMATION_SCALE	设置全局动画缩放比例
87	SET_DEBUG_APP	设置应用调试模式，一般用于开发
88	SET_ORIENTATION	允许底层接入设置为横屏显示方式，通常为竖屏显示
89	SET_PREFERRED_APPLICATIONS	已不再有效，可参考 addPackageToPreferred（String）详情
90	SET_PROCESS_LIMIT	允许应用设置可运行的最大（非必需）进程数量
91	SET_TIME	允许应用设置系统时间
92	SET_TIME_ZONE	允许应用设置系统时区
93	SET_WALLPAPER	允许应用设置桌面壁纸
94	SET_WALLPAPER_HINTS	允许应用设置桌面壁纸建议
95	SIGNAL_PERSISTENT_PROCESSES	允许应用请求向所有进程发送一个信号
96	STATUS_BAR	允许应用打开、关闭或禁用状态栏及其图标
97	SUBSCRIBED_FEEDS_READ	允许应用订阅 RSS 信息的数据库
98	SUBSCRIBED_FEEDS_WRITE	无描述
99	SYSTEM_ALERT_WINDOW	允许应用打开一个 TYPE_SYSTEM_ALERT 类型的系统警告窗口，并置顶显示
100	UPDATE_DEVICE_STATS	允许应用更新设备统计信息

续表

序号	名称	描述
101	USE_CREDENTIALS	允许应用向 AccountManager 申请授权标记
102	VIBRATE	允许访问振动器
103	WAKE_LOCK	允许使用 PowerManagerWakeLocks 以避免处理器进入睡眠或屏幕变暗
104	WRITE_APN_SETTINGS	允许应用设置 APN
105	WRITE_CALENDAR	允许应用写（但不允许读取）用户日历数据
106	WRITE_CONTACTS	允许应用写（但不允许读取）用户的联系人数据
107	WRITE_EXTERNAL_STORAGE	允许应用写入外部存储器
108	WRITE_GSERVICES	允许应用修改 Google 地图服务
109	WRITE_HISTORY_BOOKMARKS	允许应用写（但不允许读取）用户浏览器历史记录和书签
110	WRITE_OWNER_DATA	允许应用写（但不允许读取）所有者数据
111	WRITE_SECURE_SETTINGS	允许应用读写系统安全设置
112	WRITE_SETTINGS	允许应用读写系统设置
113	WRITE_SMS	允许应用写短消息
114	WRITE_SYNC_SETTINGS	允许应用更改同步设置

Android 要求应用所用到的功能均需要在使用前申请使用权限，用户在应用安装时可以看到应用申请的权限清单。但实际使用中，应用过度申请权限的问题普遍存在，从 Android 权限申请的角度没有进一步的有效措施对其做更详细的区分。

Android 应用程序权限在应用 APK（Android Package, Android，安装包）中的 AndroidMainifest.xml 文件进行说明。该文件罗列了应用程序运行时库、运行依赖关系、所需的系统访问权限等。程序员在进行应用软件开发时，需要通过设置该文件的 uses-permission 字段来显式地向 Android 系统申请访问权限。

应用程序的权限申请，如下文中 uses-permission 部分所示。

```xml
<?xml version="1.0" encoding="utf-8"?>
<manifest xmlns:android="http://schemas.android.com/ apk/
res/android"
    package="com.cuandroid. demo"
```

```
    android:versionCode="1"
    android:versionName="1.0" >

    <uses-sdk
        android:minSdkVersion="9"
        android:targetSdkVersion="22" />
    <uses-permission android:name = "android.permission.
READ_PHONE_STATE"/>
    <uses-permission android:name = "android.permission.
INTERNET"/>
        </uses-permission>
    <application
    android:allowBackup="true"
    android:icon="@drawable/ic_launcher"
    android:label="@string/app_name"
    android:theme="@style/AppTheme" >
    <activity
        android:name="com.wondersoft.encryptphonedemo.
MainActivity"
        android:label="@string/app_name" >
        <intent-filter>
            <action android:name = "android.intent.action.
MAIN" />
        <category android:name = "android.intent.category.
LAUNCHER" />
        </intent-filter>
        </activity>
    </application>
</manifest>
```

上述文件中 uses-permission 部分为应用权限申请说明，其意义是说明该软件

需要允许获取手机状态和允许应用打开网络连接发送短信的功能。

Android 系统定义的应用权限如表 6-1 所示，用户还可以自定义权限作为补充。

Android 系统对应用程序授权申请的处理流程如下。

1）进入处理应用程序授权申请的入口函数。

2）系统从被安装应用程序的 AndroidManifest.xml 文件中获取该应用正常运行需申请的权限列表。

3）显示对话框，请求用户确认是否同意这些权限需求。

4）若同意，则应用程序正常安装，并被赋予相应的权限；若不同意，则应用程序不被安装。系统仅提供给用户选择"安装"或者"取消"的权利，没有选择其中某些权限进行授权的权利。

应用权限管理的系统处理流程如图 6-8 所示。

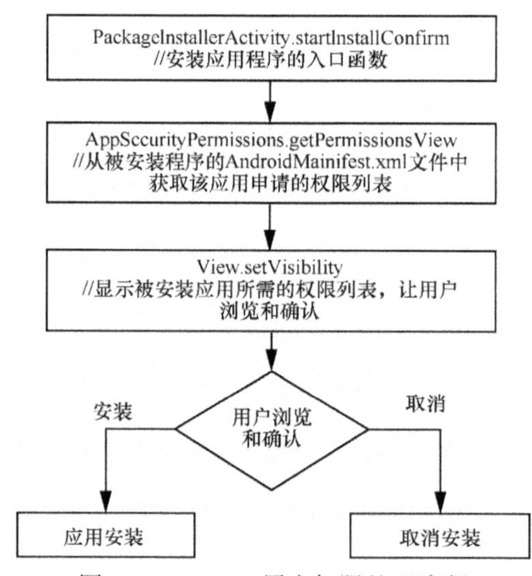

图 6-8　Android 用户权限处理流程

以沃商店为例，在应用安装时申请用到的权限明细如图 6-9 所示。

但是因为各种各样的原因，应用普遍会申请超出其实际使用范围的权限，用户只能选择接受，否则将无法使用该应用。Android 系统允许应用过度申请权限一直是 Android 系统安全缺陷之一。

图 6-9　应用权限申请明细

6.3.3　应用调用能力管理

标准 Android 的安装程序只罗列了待安装应用所有申请调用的权限列表，用户只能被动接受或拒绝使用该应用。业内普遍认为，应当提高用户在应用调用能力的可视化管理，提高用户安全体验。在这种背景下，中国通信标准化协会组织制定了《移动智能终端安全能力技术要求》行业标准，并于 2013 年 11 月开始实施，该标准从终端能力的角度为终端应用提供了细分的管理措施。

标准中提到的移动智能终端安全能力，包括终端硬件安全能力、终端操作系统安全能力、终端外围接口安全能力、终端应用层安全要求、终端用户数据保护安全能力等。基于对终端安全能力的分级管理，可以实现精细化的终端应用管理。

《移动智能终端安全能力技术要求》中要求，在应用调用上述 5 大终端安全能力时，系统向用户提供必要的安全提示或状态提示以实现被动安全。同时，根据移动智能终端所支持的安全能力程度，将移动智能终端安全能力划分为从高到低的 5 个等级，并分别对应安全能力要求。具体如表 6-2 所示。

表 6-2　终端安全能力分级

序号	安全能力	安全能力等级				
		1 级	2 级	3 级	4 级	5 级
1	移动智能终端硬件安全能力					√
2	拨打电话	√	√	√	√	√
3	三方通话		√	√	√	√
4	发送短信	√	√	√	√	√
5	发送彩信	√	√	√	√	√
6	发送邮件					√
7	移动通信网络数据连接-开关	√	√	√	√	√
8	移动通信网络数据连接-应用调用时的确认	√	√	√	√	√
9	移动通信网络数据连接-连接状态提示	√	√	√	√	√
10	移动通信网络数据连接-数据传送状态提示		√	√	√	√
11	WLAN 网络连接-开关	√	√	√	√	√

续表

序号	安全能力	安全能力等级				
		1 级	2 级	3 级	4 级	5 级
12	WLAN 网络连接–应用调用时的确认	√	√	√	√	√
13	WLAN 网络连接–连接状态提示	√	√	√	√	√
14	WLAN 网络连接–数据传送状态提示			√	√	√
15	定位功能	√	√	√	√	√
16	通话录音功能	√	√	√	√	√
17	本地录音功能	√	√	√	√	√
18	拍照/摄像功能	√	√	√	√	√
19	对用户数据的操作–修改/删除				√	√
20	对用户数据的操作–读取	√	√	√	√	√
21	操作系统的更新	√	√	√	√	√
22	无线外围接口开启/关闭受控机制	√	√	√	√	√
23	无线外围接口连接建立的确认机制	√	√	√	√	√
24	无线外围接口连接状态标识	√	√	√	√	√
25	无线外围接口数据传输的受控机制				√	√
26	有线外围接口连接建立的确认机制			√	√	√
27	U 盘模式的安全机制			√	√	√
28	应用软件安全配置能力要求				√	√
29	非认证签名要求	√	√	√	√	√
30	认证签名要求			√	√	√
31	开机自启动程序监控能力			√	√	√
32	收集用户数据	√	√	√	√	√
33	修改用户数据	√	√	√	√	√
34	流量消耗	√	√	√	√	√
35	费用损失	√	√	√	√	√
36	信息泄露	√	√	√	√	√
37	移动智能终端的密码保护	√	√	√	√	√
38	文件类用户数据的授权访问					√
39	用户数据的加密存储					√
40	用户数据的彻底删除			√	√	√
41	用户数据的远程保护		√	√	√	√
42	用户数据的转移备份		√	√	√	√
43	移动智能终端功能限制性要求	√	√	√		√

行标推荐移动智能终端在明显位置以图形化等级标识描述终端安全能力等级，标识图案如图 6-10 所示。

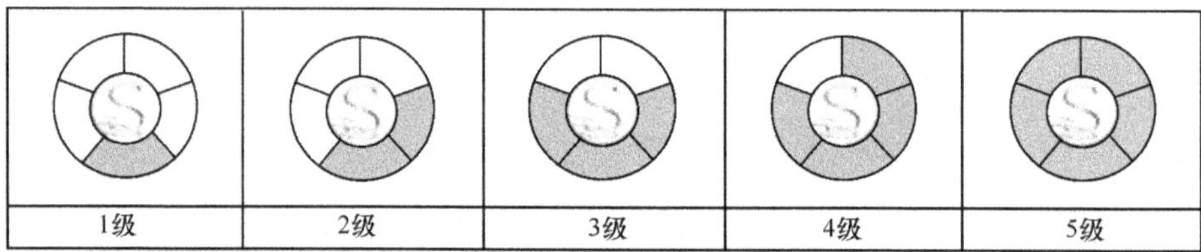

注：图中▭部分的个数代表所达到的级别，越多代表越安全，最高级别为5组。

图 6-10　终端安全能力标识

以微信为例，一个典型的应用权限管理操作界面如图 6-11 所示。

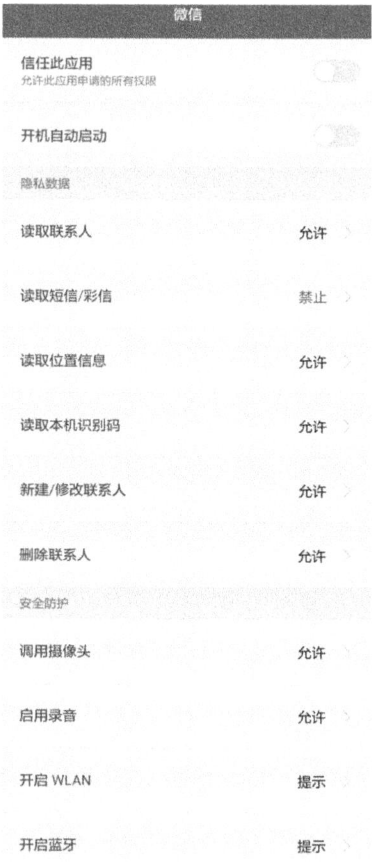

图 6-11　应用权限管理界面

支持应用调用能力管理的终端，用户可基于对各应用功能的判断来设定各应用是否可调用其申请的设备权限，提高应用使用的安全性。

6.3.4　应用运行监控管理

Android 系统对运行中的应用程序对服务和资源的占用情况进行实时监控管理，通常第三方手机管理工具都包含此类功能，这部分属于对系统级的统计需求应用运行实行监控管理，可使用户了解系统中应用的运行状态、资源使用等信息。

进一步地，针对应用安全的运行监控策略，一般包括应用空间独立、应用越权限制等手段，主要表现为沙箱（sandbox）机制。Android 沙箱的本质是为了实现不同应用程序和进程之间的互相隔离。在默认情况下，应用程序没有权限访问系统资源或其他应用程序的资源，每个 App 和系统进程都被分配唯一并且固定的 UID，每个 App 在各自独立的 Dalvik 虚拟机中运行，拥有独立的地址空间和资源，运行于 Dalvik 虚拟机中的进程必须依托内核层 Linux 进程而存在。通过 Android 使用的 Dalvik 虚拟机和 Linux 文件访问控制实现了应用沙箱机制，任何应用程序如果想要访问系统资源或者其他应用程序的资源必须在自己的 manifest 文件中进行声明权限或者使用共享 UID。

更进一步的应用运行监控管理，还有硬件隔离的双系统方案，或基于 ARM TrustZone 构建的用户应用环境和安全运行环境的隔离方案等。

6.4　可信应用和可信应用商店

智能终端和应用发展迅猛的背后，是移动应用开发水平的良莠不齐和安全程度无保障，网络攻击、信息窃取、网络谣言、隐私窃取、病毒传播等安全事件对个人和社会信息安全危害极大。虽然有大量的官方和第三方应用商店为应用审核和应用分发做出了大量工作，但极大的应用规模导致应用无法满足不同层次的安全需求。由此衍生出可信应用和可信应用商店的概念。

可信应用商店，顾名思义即为手机用户提供经认证的安全可靠、种类丰富的 App 手机应用。与目前市场上的众多移动应用商店不同，可信应用商店是全程验证 App 应用的商店。对开发者账户的备案采用实名制的方式，商店发布的应用要通过严格、正式的资质审查并颁发实名认证资质证书，从而在开发源头上确保每一个开发者的可靠和每一个应用的安全。而对于用户上传的应用，可信应用商店要进行多种安全检测及风险评估，任何版本的更新也都需再次经过安全检测。通过检测过程的严格把关，可信应用商店保证了所提供的每一款 App 都来源可信、安装可信、使用可信，从而为用户的安全、绿色下载提供有力保障。

可信应用商店通过建立实名认证机制，完善安全检测技术，为用户提供安全下载，为运营开发者提供应用维护平台，为主管部门提供可溯源的应用备案，为建立规范有序的移动应用市场而努力。这个目标虽然在眼下乱象丛生的市场环境看起来比较"清高"，但行业走向正规化乃是大势所趋，可信应用商店的做法符合了企业、消费者、开发者以及市场和行业的整体利益，诸多第三方应用商店也在其力所能及的范围内提高了对应用的安全性检查的投入。

为引导开发者开发更安全的应用，工业和信息化部专门发布了《关于加强移动智能终端管理的通知》，对移动终端和应用软件提出管理要求，规范行业秩序。工业和信息化部电信研究院根据通知精神，联合行业内多家权威组织和机构共同推出的全程验证移动应用安全管理平台 http://www.kexinapp.com/。该平台按相关规范对移动应用产品进行实名审核管理和安全检测认证，通过移动应用发布者实名审核管理、安全检测、内容验证、防篡改加密防护、App 签名认证、信息名址安全下载等工作，在努力保护移动应用用户安全的同时，致力于为移动应用运营开发者、各应用商店提供一个绿色的展示和检测平台。

狭义的可信应用商店，指为满足特定移动办公需求的定制化的应用商店。应用的定制化开发和完备的功能测试和安全测试，提高了应用的安全性；应用商店的定制化，可以严格控制应用分发的途径和范围，确保应用来源的合法性；更进一步地，通过升级的应用安装工具，在应用安装时进行更严格的签名证书等应用安全检查。通过各个层面的安全强化管理，满足企业级移动办公或其他更严格场合的安全需求。

6.5　小结

从应用商店的安全审查和应用分发管理，到终端的应用使用控制，构成了完整的终端应用安全管理体系。

事实上，应用的安全性和用户的便利性是相辅相成的两个方面，用户为获得更高的安全性必然将牺牲掉部分便利性，国标中提出的面向用户提供必要的功能开关权限的方式在某种程度上可以认为是一个普遍可以接受的折衷解决方案，并在多数手机上已经得到支持。

移动互联网信息安全解决方案

7.1 概述

移动互联网智能终端信息安全是一个整体的系统性课题，从技术角度来看，涉及到终端硬件架构、内核和终端操作系统、应用等各个层面。同时，信息安全又是和用户自身需求紧密相关的需求驱动型课题，从用户角度来看，公众用户可能更关心通信安全和费用、反病毒和防个人信息遗失等，政企用户可能更关心通话安全、商业机密保护、终端安全管理等，事关国家安全的还有更进一步的要求。

总的来说，不同群体、不同场景对终端信息安全需求是不一致的，满足不同用户分层次安全需求的有针对性的解决方案，才能获得市场认可，其差异体现在终端策略、终端产品、云端支撑平台等各个方面，同时还离不开行业标准化研究工作的支持。

7.2　终端安全解决方案

7.2.1　软件厂商的终端安全解决方案

随着智能机的大规模普及和用户通过手机上网的行为大幅增多，普通用户面临的安全威胁来自使用过程的多个方面，关于公众用户遭受的安全威胁的调查结果如图 7-1 所示。

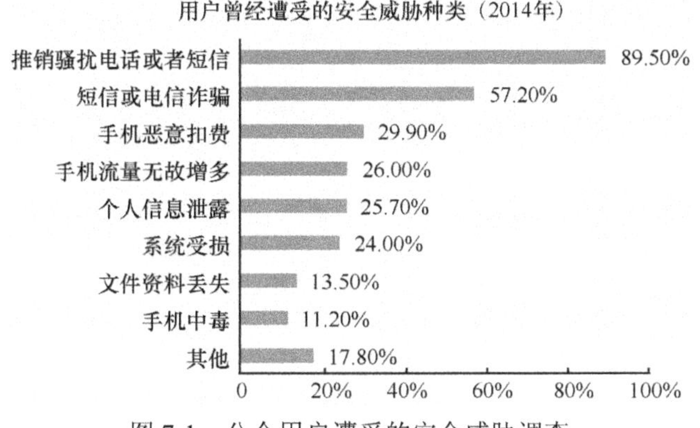

图 7-1　公众用户遭受的安全威胁调查

针对大众用户面临的威胁类型分析，诸多软件应用厂家均推出了各自面向大众的信息安全解决方案。个人用户在使用过程中大多更关注于使用体验，个人信息安全一般不应过于影响使用体验，而对个人使用体验的理解向来是互联网厂商的强项。

互联网厂商推出的手机管家类应用，以互联网模式推广的手机应用，主打免费牌，标榜为"免费的手机安全与管理软件"。代表产品有腾讯手机管家、百度手机管家，以杀毒软件厂家的 360 手机、金山手机助手。

市场上常见的手机安全防护应用产品 LOGO 如图 7-2 所示。

图 7-2　软件厂商的终端安全产品

此类型的手机安全防护应用产品，延续了个人电脑管理软件的设计思路，集成了系统加速、病毒查杀等个人喜好功能，并结合移动互联网环境特征融合了用户感受更为直接的流量监控管理、应用管理等功能。

此类型的手机安全防护应用产品的功能具有很大的相似性，其应用核心功能可以总结为以下 4 个方面。

1）病毒查杀：由于手机的个人特征更为显著，手机病毒带来更大的安全危害，可能导致个人信息丢失或损坏，手机软硬件破坏、非法信息传播、通信费用损失等。部分安全厂商在传统病毒查杀的基础上，建立了手机病毒库，并提供病毒查杀服务，通常可提供本地查杀和网络查杀两种方式。

2）垃圾清理：手机运行过程中产生大量的系统缓存数据，由于手机存储容量大小受限，缓存数据占用空间过大会导致系统允许速度降低。应用一般允许用户设定当手机存储容量占用超过一定比例（如 90%）时给出垃圾清理提示，可自动清理各类型缓存数据。

3）骚扰拦截：个人生活中经常遇到骚扰电话的解决方案，包括来电标签、电话黑名单、短时振铃来电自动拦截等。用户可针对所来骚扰电话添加标

记分类，如常见的推销、中介、诈骗等，并可手动或自动添加至电话黑名单，黑名单中的来电系统自动拒接；对短时振铃的诈骗性来电也可自动标记或拒接。

4）流量管理：按流量计费是移动智能网络发展到 3G/4G 时代的重要消费行为转变，流量作为智能机时代终端的重要个人资产，因为直接关系到用户资金而备受关注。流量管理可实现智能终端当前流量消耗情况，及各应用的具体消耗明细等，并可依据设定给出流量管理提醒，避免应用偷跑流量、消耗流程超过套餐流量等问题，达到"省钱省心"的效果。

基于以上常规安全功能服务，有的应用还基于其服务提供商的定位提供其擅长领域的服务，常见的集成功能有如下 4 个。

1）应用商店：推送各种官方安全应用，提供后台 App 行为分析，经后台扫描后的应用上架到应用商店，并基于用户应用行为习惯向用户推送类型应用。主推官方 App 纯净安全。

2）手机管理：在集成前述安全防护的基础上，主动满足用户体检加速、手机系统优化、电池管理优化、手机丢失找回、手机信息远程擦除等手机本地和远程管理功能。

3）无网线快传：不用数据线，通过 Wi-Fi 或其他方式快速轻松传文件等。

4）公共 Wi-Fi 星级标记：公共 Wi-Fi 热点分布越来越广，智能终端随时随地在寻找 Wi-Fi 热点并连接已经成了很多人的新习惯。但公共场合的 Wi-Fi 热点不可避免地存在良莠不分和各种安全风险，以星级所在位置的 Wi-Fi 评价得到部分用户的欢迎。

典型安全应用推广文案如图 7-3 所示，关注的在于优化终端响应速度、骚扰拦截、支付等安全防护等方面。

图 7-3　互联网软件厂商的终端安全宣传

软件厂商给出的解决方案，是纯软件解决方案，在不影响用户体验的前提下，提供必要的安全防护功能选项。相对于其安全功能，更倾向于其安全管理特征，通常会向用户体验妥协牺牲必要的安全性。

但是，第三方安全软件为了获取更高的安全管理能力，经常需要破解系统获取 ROOT 权限，可能为系统引入其他不安全影响。

7.2.2　企业移动办公终端安全解决方案

随着移动智能终端和移动互联网技术的不断发展，终端的软硬件能力持续提升，移动智能终端已不单单作为个人通信和娱乐的工具，越来越多的企业员工也开始摆脱办公室的约束，随时随地通过自带的移动智能终端设备来处理日常事务，如使用企业邮箱、登录 OA 系统（Office Automation System，办公自动化系统）等。企业用户使用移动终端满足办公需求，对信息安全的要求更高。作为信息安全的代价，企业级安全用户能接受一定程度的性能和体验的下降。

CCSA（China Communications Standards Association，中国通信标准化协会）很早就启动了行业标准化工作，推动企业级信息安全解决方案的标准实施。CCSA的企业信息安全项目，称为 BYOD（Bring Your Own Device，自带设备办公）。

企业级信息安全方案的解决策略，原则上是企业终端安全方案和企业安全云端的集合，通过"终端—管道—云端"的整体安全设计，达到较高级别的安全性。

企业安全云端的解决策略，包括企业定制化可信应用商店、传输安全机制等；而企业终端安全方案的解决策略，通常采用沙箱技术以软件方式隔离个人工作区并对其提供必要的安全防护，同时兼顾了设备成本和设备安全。在企业信息安全解决方案之上，再叠加定制化的企业办公应用，从而满足企业用户的移动办公需求。

芯片层面的 ARM TrustZone 架构为企业级信息安全做好了硬件准备，但 TrustZone 在之前很长一段时间里都没有得到正式的大规模应用。伴随着终端信息安全概念的深入人心，大量系统开发商、应用开发商都启动了基于 TrustZone 的安全机制研发，可以预见企业信息安全解决方案在近期将产生大规模应用效果。相对于完全独立的两套硬件设计的硬件隔离方案，基于 TrustZone 架构的安全设计在设备成本、业务部署等方面有着明显的优势，可以满足一般性安全需求的企业需求。

与企业移动办公类似的，大众的支付类业务也可以接受前述的解决方案，如银联也提出了基于 TrustZone 的安全支付解决方案。

典型的企业级信息安全解决方案，有三星 KNOX、360 天机以及 Android for Work 等。

7.2.2.1　KNOX——垂直的移动终端办公安全

KNOX 是三星推出的一种基于 Android 系统的移动解决方案，集成了 Android 系统安全强化套件（SE for Android）和应用于硬件以及 Android 框架的完整性管理服务，提供从硬件层、架构层到应用层的多层次的整体安全保护，为企业及员工提供企业移动终端办公安全解决方案。KNOX 具有综合移动设备管理性能，结合安全容器技术，可在不侵犯公司员工隐私的情况下，满足企业 IT 移动安全的需要。

KNOX 解决方案的层次架构示意如图 7-4 所示。

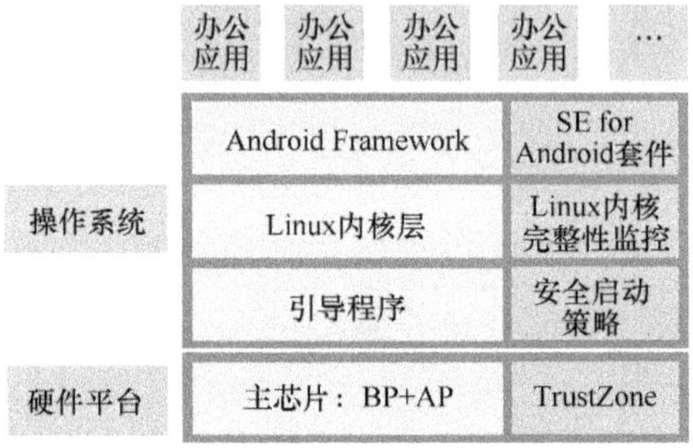

办公应用　办公应用　办公应用　办公应用　…

	Android Framework	SE for Android套件
操作系统	Linux内核层	Linux内核完整性监控
	引导程序	安全启动策略
硬件平台	主芯片：BP+AP	TrustZone

图 7-4　KNOX 安全架构示意图

KNOX 试图从终端系统和应用层面解决移动终端的安全性问题。在终端系统层面，KNOX 使用 ARM TrustZone 实现硬件资源隔离，通过可信任安全启动、TIMA（Linux 内核完整性监控模块）、SE for Android（Android 系统安全强化套件）保障系统启动和运行时的安全性。在应用层面，KNOX 使用安全容器保障运行时的安全性，通过专属应用商店保证应用程序的下载、安装及运行的安全性，使用 VPN 防止传输数据泄露，对终端数据加密防止静态数据泄露。同时，KNOX 支持根据用户需求提供客制化的安全配置策略。三星 KNOX 针对原生 Android 平台的短板，通过上述多重安全措施来确保 Android 设备上的企业数据安全。

KNOX 解决方案所采用的关键技术包括以下几个方面。

（1）可信任启动

现有大多数 Android 设备的引导程序不对所加载内核的合法性、系统的完整性进行检查，终端使用了大量未经安全测试的第三方系统，在系统内核安全性无任何保障。

可信任启动策略的目的是避免设备在开机启动过程中加载未授权的操作系统或第三方软件而引入安全风险，其实现方式是，在系统启动过程中，每一步骤的引导程序均需验证下一步引导程序的合法性。

Android 系统启动的引导过程如图 7-5 所示。

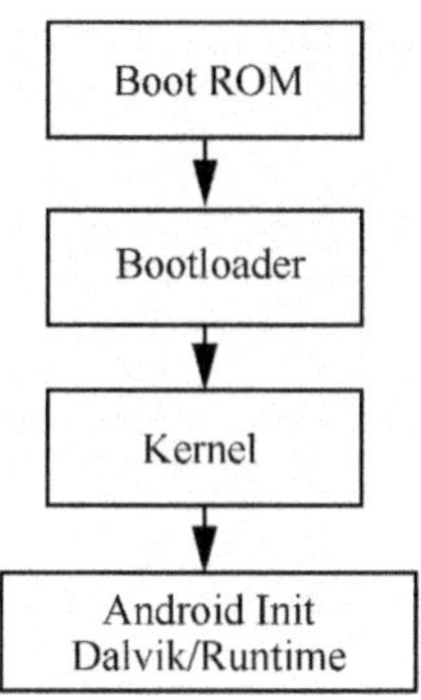

图 7-5　Android 系统引导关键过程

KNOX 引入安全启动机制，要求在上述关键引导过程、内核和系统软件部分都经过签名检查。使用可信任的机构签发的 X.509 签名证书并由 Bootloader 中的公钥进行验证，设备出厂时安全证书的散列值会写入硬件 ROM 中，并且只能通过保存在硬件 ROM 中的私钥进行验证。设备上电后，系统先对安全证书进行验证，验证通过后 KNOX 执行可信任的启动序列。只有通过完整的可信任启动序列，系统内核和相关组件才会正常加载，企业功能（安全领域的功能）才能够激活。这种机制使企业应用在 Boot loader 或者内核被篡改而存在安全威胁的条件下不会启用而获得必要的安全保护。

（2）SE for Android

Android 系统使用基于用户的访问控制以达到应用程序的安全性，Android 系统给每个应用程序指定唯一的用户识别码（UID），在不同进程中使用该 UID 访问应用程序，这样能够在内核层面建立应用程序沙箱以提供安全性保护。但是，如果设备被 root，那么超级用户将有权限访问所有应用程序的所有资源，将使病毒程序有机会获得设备的控制权，设备安全性将全部丧失。

SE for Android 是对 Android 系统的安全增强套件，是一组安全策略配置文件，它使用 MAC 的方式访问应用程序，将应用程序和数据划分到不同的域，并且给予该安全域中的应用能正常工作的最小权限，从结构上防止一个域的不安全因素扩散到全部域或操作系统层面，使用户即使获得超级用户权限也只能访问一部分空间和资源，从而降低了未授权用户篡改和绕过应用安全机制的可能性。同时，可以将因恶意攻击或有缺陷应用程序所造成的损害降到较低。

在实施层面，SE for Android 为企业提供了一组管理 API，允许企业配置相关访问控制策略，提供一定自主和灵活性。

（3）TIMA

Android 系统基于 Linux 内核，Linux 内核直接决定了 SEAndroid 套件是否有效启用，并且直接影响到上层 Android 平台的安全性，KNOX 引入 TIMA（Linux 内核完整性监控模块）对 Linux 内核完整性进行实时监控。

TIMA 基于 ARM TrustZone 硬件解决方案。在 TrustZone 方案中，硬件资源（如内存、CPU 等）被划分为安全区域和普通区域，TIMA 在安全区域中运行，并对 Linux 内核进行持续的全面监控。当 TIMA 检测到内核的完整性或者引导程序出现错误时，会根据策略采取相应的措施，如禁用内核并关闭设备电源。TIMA 通过两种技术手段来监控内核的完整性：在内核加载过程中，通过 LKM（Linux Kernel Modules，可加载内核模块）进行授权；在内核运行过程中，通过 PKM（Periodic kernel Measurement，周期性的内核检查）检查系统内核是否被篡改。

可信任启动保障终端启动时的安全性、TIMA 保障系统运行时的安全性、SE for Android 套件保障应用访问权限的安全性，KNOX 通过前述 3 项安全机制确保系统不受恶意代码、恶意应用的破坏，提高了操作系统层面的安全性。

（4）数据隔离和加密

KNOX 数据隔离是通过安全容器技术实现的。KNOX 安全容器是个人移动办

公终端上的一个虚拟 Android 环境，拥有独立的主屏幕、启动器、应用程序和插件，是一个与个人娱乐活动完全隔离的操作环境。KNOX 安全容器技术使企业能够在移动设备上创建一个安全区域，专门运行企业应用，防止数据泄露和恶意软件的攻击。

安全容器内的应用程序和数据与容器外的应用程序和数据是隔离的，容器外运行的应用无法访问容器中的应用数据，使容器内运行的应用和存储的数据将获得系统级别的安全保障。安全容器为数据管理部署了一系列安全策略，如数据加密管理、身份验证、应用程序黑名单等，避免了企业数据的泄密。

安全容器使用一个与容器外的应用程序完全隔离的独立加密文件系统，对个人移动终端上的静态数据进行保护，用户或企业均可激活使用 AES-256（高级加密标准，256 位密钥）密码算法进行加密，避免手机遗失等场合下办公数据的泄密可能。

安全容器使用 VPN（Virtual Private Network，虚拟专用网络）技术对传输中的数据进行加密保护，提高传输安全性。KNOX 提供应用级别的 VPN 配置管理和使用，确保个人移动终端中的每个办公应用可以与企业之间的数据在一个安全的环境下进行交互。针对安全敏感场合，还可以提供 IPSec VPN 加密支持。

（5）专属应用商店

KNOX 预置了 KNOX 专属应用商店，提供各种软件开发商提供的企业级应用，这些应用支持 KNOX 定义的各种安全策略，可通过 KNOX 应用商店下载和运行在 KNOX 安全容器内，确保安全运行，并与个人区域隔离，保障应用数据安全。

常规 Android 应用在 KNOX 应用商店上架前需要重新打包以适用于 KNOX 安全容器。KNOX 应用商店将提取原始应用程序的代码并使用在 KNOX 容器内运行应用程序所需的安全代码和新证书对其进行重新打包。重新打包的过程，只对应用进行"容器化"，并不会对任何应用功能和应用代码进行修改。应用上架前还会测试应用基本功能，并严格审查应用是否有恶意或危险行为，及设备兼容性等。

（6）可配置的安全策略

KNOX 提供一系列策略来实现终端及安全容器的管理，尤其在安全和企业应用完整性控制方面提供了扩展策略。

KNOX 集成了 MDM（Mobile Device Management，移动设备管理）功能支持企业 IT 管理人员监控和管理移动办公设备，或部属企业定制的设备管理策略。KNOX 基于企业各类实际需求，提供一系列移动设备管理策略组，如表 7-1 所示。

表 7-1　KNOX 移动设备管理策略

企业需求	KNOX 移动设备管理策略组	
远程管理	Wi-Fi	蓝牙
	安全	密码
	邮件账户	浏览器
功能管控	Kiosk 模式	应用许可
	防火墙	
企业资源	企业应用	VPN
安全访问	企业邮箱帐户	
位置信息保护防护	定位	
实时设备状态	设备状态	
通信功能	漫游	通话管理
	APN 设置	
终端管理	远程终端管理	
数据保护	邮件转寄	容器管理
	信令完整性管理	
集成企业应用	单点登录	办公 OA
	准入控制	企业应用

（7）设备防盗功能

KNOX 安全解决方案还集成了防盗功能，终端丢失时可以实现定位追踪和数据恢复。防盗功能集成在设备的固件中，不能被禁用。

防盗功能包括集成在设备固件中的持久化服务和 Android 应用层的移动代理程序。默认情况下，持久化服务处于休眠状态，当用户开通防盗服务并安装移动代理程序时，持久化服务被激活。当用户终端失窃时，用户挂失，由管理人员向终端的移动代理程序发送命令，可监控和跟踪终端，协助执法部门找回终端设备。

三星 KNOX 使用美国国家安全局授权的核心技术，应用硬件级别的安全特性，以保护运行中的系统及应用。KNOX 因为符合多项移动设备安全标准，被美国政府和国防部认可在政府及高度管控型企业中使用。

7.2.2.2　360 天机——轻量化的移动终端办公安全

360 天机的全称为 360 天机企业移动终端安全管理系统，是 360 企业安全集团面向政府、金融、运营商、能源、制造等企业推出的企业级移动终端安全管理系统，为客户移动终端安全使用企业资源提供从硬件、OS、应用、数据到链路等多层次的安全防护。

360 天机分为移动终端解决方案和企业管理平台。360 天机在移动终端上建立了一个严格安全的办公区域，通过加密、监测等手段确保企业数据和应用在移动终端上的安全；企业管理平台则部署于企业内部，用于管理员的管理和维护操作。其关键技术特征包括以下几方面。

（1）多层级安全保护

360 天机管理系统提供由底层硬件支撑到上层应用操作的多层级纵深防护：加密存储数据、数据访问控制、远程强指令管控、加密专用网络等，并搭建具有高可用性的终端管理平台，兼具广度和深度，全面保护用户的高价值数据资产。

（2）可靠的数据隔离

360 天机采用动态沙箱技术在移动终端上建立了一个独立安全的工作区，将所有的企业应用和数据存储在受保护的安全区内，禁止个人应用非法存取企业数据。

（3）有效的数据加密

360 天机使用 AES-256 加密算法对移动终端上的企业数据进行高强度加密，同时提供安全可靠的密钥管理，确保企业数据在多终端复杂环境下的安全。针对设备遗失风险，360 天机还提供追踪设备地理位置、远程擦除企业数据的功能，严格防止企业信息泄露事件发生。

（4）手机病毒木马查杀

360 天机集成了 360 移动终端杀毒引擎，采用本地查杀和云查杀双核查杀引擎，对移动终端上已安装的应用软件和安装包进行全面扫描，查杀木马病毒，并实时监控正在安装的应用软件，全面保证移动终端运行环境的安全性，避免恶意应用给企业资产和数据信息带来的严重危害。

（5）集中管理移动终端

360 天机提供了集中的管理和保护措施，管理并保护移动设备、应用程序、数据和通信，为 IT 部门提供所需的控制权和可见性。

360 天机管理系统对移动终端进行准入和罚出控制，只有满足准入标准和安全性检查的终端才被准许接入网络，杜绝设备在接入的同时引入安全风险，对已接入网络的移动终端进行违规检查，对违规终端第一时间实行违规处罚，阻断对网络和数据的风险访问，有效确保企业网络的安全性。

（6）企业应用市场

360 天机管理系统构建了企业级应用市场，对应用实施安全性检测和加固封

装，排除恶意应用和盗版应用风险，避免恶意应用对企业资产和信息造成侵害。对企业终端，可制定应用策略，统一安装、卸载或更新应用版本，节省管理成本。

（7）企业管理平台

企业管理平台部署于企业内部，管理员借此可实现移动终端管理、策略管理下发、企业应用管理和报表查看等功能，其管理平台如图 7-6 所示。

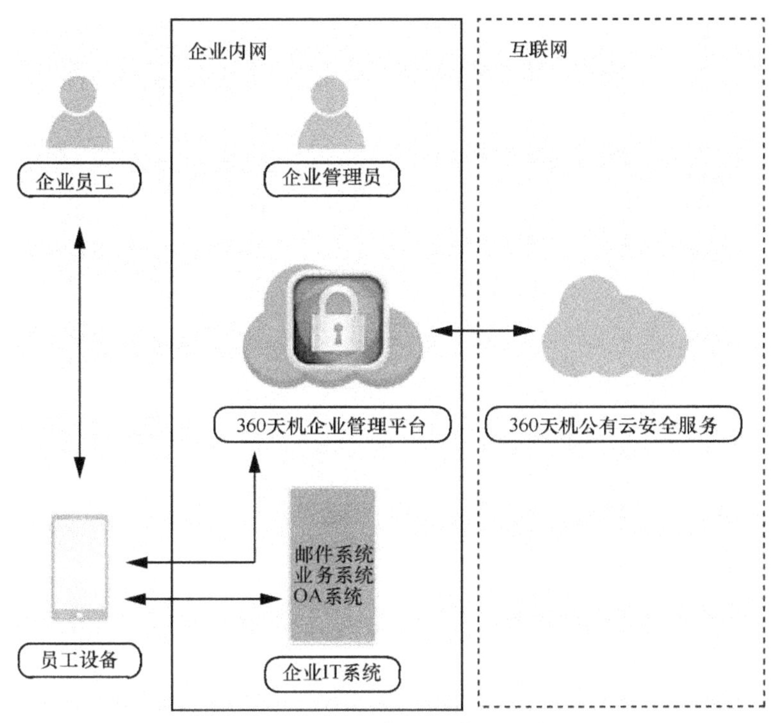

图 7-6　360 天机企业管理平台

7.2.2.3　Android for work——谷歌在安全办公方向的努力

2015 年，Google 发布了 Android for work 项目，为企业用户提供了更加强大的信息安全和管理功能，这是安卓操作系统面向企业市场的专题工作组。支持 Android for work 的智能机能够安全隔离企业和个人应用，并允许企业管理电邮、日历、联系人等。

Android for work 主要安全能力与其他企业安全产品类似，表现在以下几个方面：

1）工作区数据隔离；

2）针对个人数据和企业数据，可选择性的擦除数据；

3）不依赖特定硬件，提供跨设备厂商支持；

4）提供系统级企业管理和配置能力，如静默安装/卸载 App、推送系统配置等；

5）增强工作区应用安全，限制恶意程序及木马无法侵入工作区；

6）限制个人区和企业区之间的数据迁移；

7）提供企业级安全应用，如安全浏览器、安全邮件、文档处理工具等；

8）工作区内引入应用级 VPN 支持；

9）支持多平台的企业移动管理系统。

但是，以 Google Play Market 为核心的 Google 框架在国内无法使用，Android for work 在中国市场的前景尚不明朗。

7.2.3　高级别的终端安全解决方案

传统的信息安全管理一直遵循着涉及国家信息安全的内容采用的涉密不上网、上网不涉密的指导思想。但随着移动智能终端更深度地融入工作和生活，在难以完全杜绝智能终端使用的情况下，进一步提高智能终端安全性、研究更高安全级别终端产品方案成为重中之重。更高安全级别的智能终端产品，主要面向的用户一般包括涉及商业机密的企业客户、涉及国家安全的政府工作人员和机要人员等。

高安全级别的终端，因其高安全性带来相对更高的终端硬件成本，且为了安全性可以在整体友好交互的前提下而牺牲部分便利性。

相对于 TrustZone 等基于芯片管理策略创建安全运行环境方式，设备商试图以完全独立的两套硬件来实现更纯粹的资源隔离，构造更为独立的安全运行空间，典型的终端架构如图 7-7 所示。

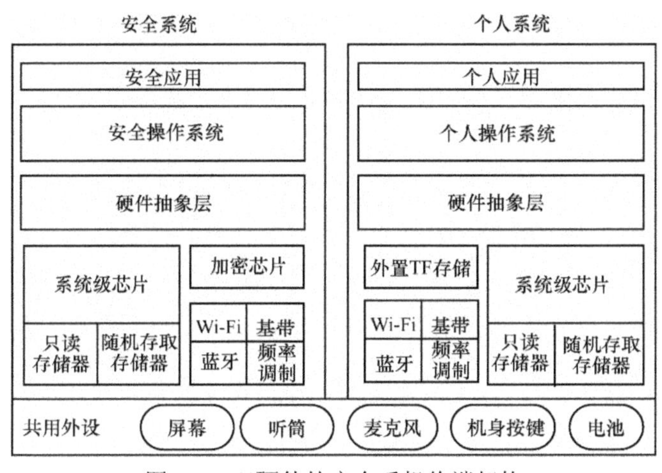

图 7-7　双硬件的安全手机终端架构

除了物理上共用的屏幕、听筒、麦克风、机身按键和电池等设备，其他诸如主芯片 SoC、ROM、RAM、基带芯片和 Wi-Fi、蓝牙、FM 等芯片，根据需求均可以采用分立设计，并在各自的硬件平台上适配两个独立的操作系统，安装和运行相互独立的各种应用。特别地，安全系统视需求可以集成特定的安全加密芯片，为系统提供硬件级安全防护。

前文提到，为弥补产业方面的不足，国产智能终端操作系统在双系统方面做了较大的努力，安全也是其研发和部署的重要方向。更进一步地，基于国产终端操作系统的双系统方案，加强了国产系统对从系统的运行监管和安全管控，提供系统级安全服务。越来越多的 OS 开发商，尤其是主打自主知识产权的国内 OS 开发商，基于系统级安全服务的概念，面向企业级或更高安全等级的信息服务需求，推出系统层规划的安全服务。

从国家信息安全的角度，自主的硬件+自主的操作系统+国密算法硬件+定制的安全应用是最安全的。国家一直在大力扶助相关产业的研发，从 2009 年开始设立了一系列重大专项，支持核心电子元器件、高端通用芯片及基础软件产品的研发和产业化，推动相关产业的发展。

7.3　运营商的安全手机产品规划

运营商发挥在终端定制领域的引导作用，设立了安全手机研发方向。安全手机研发工作主要致力于研发定制分类安全手机终端和安全业务，满足用户终端安全需求并培育终端安全市场。基于对用户安全应用场景划分及对用户面临的手机安全问题的调研和分析，运营商的安全手机大致可以分为大众用户市场、企业用户市场和涉密安全用户市场 3 个等级。

1）针对大众用户，目前运营商推出的安全手机产品侧重于提升病毒查杀、骚扰拦截、流量管理等大众用户普遍关心的日常安全能力，集成主流互联网安全应用厂商的安全解决方案。同时，通过网络升级不断完善自身网络安全能力，面向开发者开放运营商安全能力，为大众用户提供相对安全、放心的大众级安全手机产品。

2）面向企业用户的安全手机产品，除具备上述大众级安全手机所具备的一切安全能力外，通常还叠加安全通信功能，包括加密通信、加密存储等功能，进一步提高对商业信息的安全保护。根据需求，还可采用双系统或国产操作系统、自主芯片的方式，辅以运营商推出的企业服务，全方位地满足企业用户的安全需求。

3）面向党政军警、涉密单位等最高级别安全用户，运营商协同国家专业信息安全机构与自主芯片厂商，积极参与安全手机产品定制研发工作，共同打造"自主芯片+自主 OS+安全应用+安全云端服务"的端到端安全手机方案，推出综合的

安全通信服务。相关手机通过国家相关部门的安全检验和评测，可满足极高信息安全的使用需求。

各等级安全手机所具有的安全功能如表 7-2 所示。

表 7-2　各等级安全手机的功能要求

安全手机级别	目标客户	主要安全功能
大众级	普通用户	满足工信部 4 级安全标准
		诈骗/垃圾短信屏蔽
		恶意电话号码标记
		防刷机、防 ROOT
		病毒查杀
企业级	企业用户	满足工信部 4 级及以上安全标准
		加密通话
		加密短信/邮件
		加密存储
		自主芯片
		国产操作系统或双系统
专业级	涉密用户	满足工信部 4 级及以上安全标准
		按需深度定制
		"自主芯片+自主 OS+安全应用+安全云端服务"一体化安全机制
		安全评测

各运营商先后均已建立了自己的安全手机体系，并推出了各自的安全手机系列产品，结合产业链各方力量，综合各方优势，为不同细分市场用户提供了相对满意的安全手机产品，保护移动互联网信息安全。

7.4　云端安全管控平台

手机作为一个随身可移动的信息承载终端，面临着各种不同使用场景，灵活的可配置的信息安全策略和稳妥可靠的管理非常必要，需要提供必要的云端安全管控能力。此处提到的云端安全管控平台，包括运营商针对移动互联网需求的网络安全设计和运营商安全能力开放、可信应用商店、以及终端管理平台。

7.4.1 网络安全

移动互联网产业随着 3G 的大规模普及而起步，随着 4G 的部署和商用而获得了爆发性扩张，网络对移动互联网产业有着举足轻重的作用，同样地，网络安全也是移动互联网信息安全的基础。

3G 网络引入了诸多安全技术，如采用用户和网络双向身份认证、升级无线链路的加密算法提升传输安全、通过消息认证机制保护数据的完整性等，都有益于提高移动互联网数据安全性。

但始料未及的移动互联网飞速发展依旧对 3G 网络造成了极大冲击。大量网络不友好的移动互联网应用占用大量的网络资源，恶化了网络服务质量，极端情况下引发的信令风暴可能导致网络瘫痪。

信令安全甚至一度引发了运营商和 OTT（Over the Top，应用服务）厂商的论战。信令与无线通信系统中传输的用户信息并列，它是全网正常通信所需要的控制信号。当某些互联网应用频繁地和服务器交换小流量数据，如维持在线而发送的心跳，状态更新及小流量对话数据等，会消耗大量网络信令资源，在信令超出网络信令处理能力时，网络将失控并导致服务不可用，这称为信令风暴。如何降低智能终端及应用对网络的影响，曾一度成为 3G 时代全球运营商共同面对的难题。

面对此难题，运营商从网络层面出发，除适当扩容和监控预警等常规性措施外，快速启动了网络优化配置和版本升级。例如，中国联通将其 3G 网络升级至 R8 版本，允许终端长期处于 cell_PCH，减少终端状态切换带来的信令交互消耗。

同时，运营商积协调终端厂商同步升级 R8 支持，推动终端及应用心跳周期统一配置等，部分运营商还建设了统一消息推送机制并对开发者开放能力，迅速应对了信令安全的问题。

4G 网络在安全功能方面继续不断完善和扩展，在移动设备和业务网之间增加了非接入层的安全，使非接入层和接入层的安全独立开来便于操作；对接入网和业务网之间的通信引入安全管理；另外，增加了服务网认证，缩减空闲模式的信令开销。

国内的移动通信网络在未来一定时期内将处于 2G、3G、4G 多种制式共存的态势，网络安全将一直是运营商面临的关键问题。但可以确定的是，随着网络的进一步演进，其安全机制和安全功能一定会不断地完善。

7.4.2　运营商安全能力开放

运营商主动拥抱移动互联网商业模式，在为行业提供优秀的网络服务之外，积极向行业开放其安全能力，为互联网业务提供安全能力解决方案。

典型的，包括前述针对信令风暴的统一消息推送机制，运营商可提供消息推送平台支持和终端消息相应处理解决方案，推动终端及应用心跳周期统一配置。其他还依托应用商店提供广告平台、应用内支付等能力支持。

运营商基于 SIM 卡的安全能力，还推出了统一鉴权系统。移动设备中，SIM 卡作为天然的鉴权工作，使其成为移动互联网应用统一鉴权的不二选择。SIM 卡统一鉴权就是利用 SIM 卡实现对应用软件 App 的接入认证，通过开放 SIM 卡现有能力，将 SIM 卡通信鉴权的便利性带到移动互联网的应用鉴权中，使用户享受更安全便捷、无感知的应用鉴权方式，同时为众多移动互联网应用提供开放性的平台化接入服务。

7.4.3　可信应用商店

可信应用商店，即为手机用户提供通过认证、安全可靠、种类丰富的手机应用。与一般的应用商店不同，可信应用商店对上架的 App 应用进行全程跟踪与验证，严格保障应用商店安全管理措施的实施。

对开发者账户，采用实名制方式备案，并经过资质审查，保证开发者可靠；对应用，要严格审核证书签名，确保应用来源可靠；对上传发布的应用，可信应用商店，需通过完备的功能和安全测试，进行多种安全检测及风险评估；对应用安装和运行，加强终端应用管理器的安全管控能力，检查应用来源和签名证书。可信应用商店安全体系保证了所提供的每一款应用都来源可信、安装可信、使用可信，为用户的安全提供有力保障。

对有条件的政企用户，还可以加强可信商店和可信应用的定制，在应用分发环节提供更进一步的安全管控。

7.4.4　终端管理平台

终端管理平台是移动终端的管理平台，随着技术演进和行业细分，还衍生出 EMM（Enterprise Mobile Management，企业移动管理）、MDM（Mobile Device Management，移动设备管理）、MAM（Mobile Application Management，移动应用管理）、MEM（Mobile E-mail Management，移动邮件管理）和 MCM（Mobile Content Management，移动内容管理）等更多功能。

终端管理平台的核心功能，大致可分为以下几点。

1）设备管理：设备注册、应用目录管理、设备配置等。

2）技术支持：终端远程控制、远程诊断等。

3）数据安全：远程数据擦除、E-mail 安全策略、远程终端锁定、远程数据备份和恢复、安全策略部署等。

4）设备监控：终端安全扫描、准入罚出管理、定位和报警等。

5）追踪：终端定位、终端应用扫描、防遗失策略等。

而从用户需求角度，公众用户注重的是终端防丢失管理、数据备份和恢复等；而政企应用，则关注数据加密保护、遗失后远程终端锁定和数据擦除、终端运行监测、终端安全策略部署等。

终端管理平台的部署，会有效提高公众用户的数据安全性，并为政企行业的 IT 管理人员有效实施终端安全策略提供强有力的支持。

7.5　智能终端安全标准化研究工作

移动通信技术与互联网技术日益结合，移动智能终端的广泛应用及应用场景的不断扩展，在带领便利性的同时，也面临着巨大的安全威胁。为改善移动智能终端安全形势，规范移动智能终端安全要求，最终推动整个移动互联网的健康发展，标准化组织广泛关注了移动智能终端信息安全问题，并完成了大量标准化研究工作。

中国通信标准化协会（CCSA）先后颁布了终端安全方面的一系列标准，规定了移动智能终端安全的设计原则、设计思路、安全威胁、安全框架、安全目标、安全要求和解决方案。

7.5.1　移动智能终端安全系列标准

7.5.1.1　YD/T2407-2013《移动智能终端安全能力技术要求》

《移动智能终端安全能力技术要求》规定了移动智能终端安全能力的技术要求，包括移动智能终端硬件安全能力、移动智能终端操作系统安全能力、移动智能终端外围接口安全能力、移动智能终端应用层安全要求、移动智能终端用户数据保护安全能力等，并对安全能力进行了分级。

本标准的基本原则是：移动智能终端上发生的行为和应用要符合用户的意愿。本标准并不规定具体的实现方法和措施，以利于创新和发展。本标准从硬件安全能力要求、操作系统安全能力要求、外围接口安全能力要求、应用软件安全要求、用户数据安全保护能力要求 5 个层面对移动智能终端的安全能力提出了要求，并从基本的安全保障、实现难度、特殊安全能力等层面对安全能力进行了分级，以便于产品具有特定品质，便于消费者选择。通过本标准一方面能够引导移动智能终端中预置应用软件更加规范、安全；另一方面也能引导移动智能终端提高自身的安全防护能力，可对后下载的第三方应用进行安全管控；同时也能防范移动智能终端中预置恶意代码对网络造成安全影响。

7.5.1.2　YD/T 2408-2013《移动智能终端安全能力测试方法》

《移动智能终端安全能力测试方法》是《移动智能终端安全能力技术要求》配套的测试方案，针对移动智能终端安全能力技术指标设计了可行的测试方法，用于验证移动智能终端是否满足技术要求。包括移动智能终端硬件安全能力测试方法、移动智能终端操作系统安全能力测试方法、移动智能终端外围接口安全能力测试方法、移动智能终端应用层安全能力测试方法、移动智能终端用户数据保护安全能力测试方法等。通过提高移动智能终端的自身的安全防护能力，防范移动智能终端上的各种安全威胁，避免用户的利益受到损害，同时防止移动智能终端对移动通信网络安全产生不利影响。

7.5.1.3　《移动终端芯片安全技术要求和测试方法》

移动终端芯片安全是构建移动终端安全运行环境的基础，是保障移动终端操作系统和应用软件安全运行的基础，可有效提升移动终端系统底层安全防护能力。

《移动终端芯片安全技术要求和测试方法》规范了移动终端的应用处理器芯片、基带芯片和存储芯片的安全技术要求，并提出相应的测试方法。

7.5.2 移动终端可信环境技术要求系列标准

移动终端可信环境技术要求系列标准在研究我国移动终端面临的安全风险的基础上，根据我国移动终端业务发展的安全需求，参考国际标准组织 OMTP（Open Mobile Terminal Platform，开放移动终端平台）、GP 制订的 TEE（Trusted Execution Environment，可信执行环境）标准编制而成。本系列标准所描述的移动终端可信环境是存在于移动终端内，通过混合使用硬件和软件的方法在物理上隔离出两个平行的执行环境：普通的非保密执行环境和安全的保密环境。其中，称非保密执行环境为富执行环境（REE, Rich Execution Environment），它是针对多功能性和丰富性创建的环境，并执行移动终端操作系统，在设备生产以后向第三方开放下载。该环境下的安全是其考虑因素，但并非最重要的因素；而安全的保密环境被称为可信执行环境 TEE，它由软件和硬件组成，针对在 REE 环境中生成的软件攻击提供保护。

7.6 小结

本章试图成体系地总结面向移动互联网智能终端信息安全的参考解决方案，包括分层次的终端安全解决方案、终端产品化、云端安全，实现完整的"端—业务—云"的移动互联网信息安全体系，并总结了在终端信息安全领域的标准化研究工作。

[1] 中华人民共和国工业和信息化部. 移动智能终端安全能力技术要求: YD/T 2047-2013[S]. 北京: 人民邮电出版社, 2013: 2-7

Ministry of Industry and Information Technology of the Peoples' Republic of China. Mobile intelligent terminal security capacity technical requirements: YD/T 2047-2013[S]. Beijing: Posts & Telecom Press, 2013: 2-7

[2] 张学军, 李予温. 应对多种威胁的安全计算机终端[J]. 信息网络安全, 2014, (9): 171-175.

ZHANG X J, LI Y W. Secure computer terminals dealted with various threats[J]. Netinfo Security, 2014, (9): 171-175.

[3] 调查显示 2015 全球物联网装机量将达 132 亿[EB/OL]. (2015-07-20). http://www.ebrun.com/20150720/141261.shtml.

2015 global Internet installed capacity will reach 13.2 billion according to the survey [EB/OL]. (2015-07-20). http://www.ebrun.com/20150720/141261.shtml.

[4] 中华人民共和国工业和信息部. 移动互联网恶意代码描述规范[S].

[5] 360 互联网安全中心. 2015 年中国手机安全状况报告 [R/OL]. (2016-01-29). zt.360.cn/1101061855.php?dtid=1101061451&did=1101593997.

360 Internet Security Center. 2015 Mobile security report of China[R/OL]. (2016-01-29). zt.360.cn/1101061855.php?dtid=1101061451&did=1101593997.

[6] 中国手机 App 安全环境研究报告[R/OL]. (2015-04-02). www.zj.xinhuanet.com/newscenter/science/2015-04/02/c-1114847753_8.htm.

Study of mobile phone APP security environment in China[R/OL]. (2015-04-02). www.zj.xinhuanet.com/newscenter/science/2015-04/02/c-1114847753_8.htm.

[7] ARM TrustZone API 解析 [DB/OL]. Wenku.baidu.com/view/91e4036eOb4e76f5bcfce24.htm/?from=search.

[8] Security-enhanced Linux[EB/OL]. https://en.wikipedia.org/wiki/Security-Enhanced_Linux.

[9] Linux Security module framework[EB/OL].http://www.kroah.com/linux/talks/ols_2002_lsm_paper/lsm.pdf.

[10] The flask security architecture: system support for diverse security policies[DB/OL]. http://www.cs.utah.edu/flux/papers/flask-usenixsec99.pdf.

[11] Mandatory access control[EB/OL].https://en.wikipedia.org/wiki/Mandatory_access_control.

[12] Role-based access control[EB/OL].https://en.wikipedia.org/wiki/Role-based_access_control.

[13] 沃 PhoneTIOS 智能终端操作系统白皮书，2009-2013 年"核高基"国家科技重大专项任务，中国联通、深圳全智达自主操作系统联合项目组，2013 年 3 月

[14] Android 安全架构及权限控制机制剖析 [DB/OL]. (2012-8-14). https://www.ibm.com/developworks/cn/opensource/os-cn-android-sec/.

Android security architecture and the access control mechanism[DB/OL]. (2012-8-14). https://www.ibm.com/developworks/cn/opensource/os-cn-android-sec/.

[15] 可信应用商城打造移动互联新生态 [EB/OL]. (2013-09-06). http://union.china.com.cn/cmdt/txt/2013-09-06/content_6280606.htm.

Trusted application malls build a new ecological mobile Internet[EB/OL]. (2013-09-06). http://union.china.com.cn/cmdt/txt/2013-09-06/content_6280606.htm.

[16] 中华人民共和国工业和信息化部. 移动终端可信环境技术要求系列标准: YD/T 2884. 2015-2-2[S].

[17] Samsung KNOX whitepaper v1.1[EB/OL]. http://www.samsung.com/global/business/business-images/resource/white-paper/2013/05/Samsung_KNOX_whitepaper_April2013_v1.1-0.pdf.

缩略语

缩略语	英文全称	中文解释
1G	The 1st Generation	第 1 代移动通信
2G	The 2nd Generation	第 2 代移动通信
3G	The 3rd Generation	第 3 代移动通信
4G	The 4th Generation	第 4 代移动通信
5G	The 5th Generation	第 5 代移动通信
AES	The Advanced Encryption Standard	高级加密标准
AMBA	Advanced Microcontroller Bus Architecture	先进微控制器总线架构
AMPS	Advanced Mobile Phone Service	高级移动电话业务
AP	Application Processor	应用处理器
APB	Advanced Peripheral Bus	外围总线
API	Application Programming Interface	应用程序开发接口
APK	Android Package	Android 安装包
APN	Access Point Name	接入点名称
App	Application	应用程序
ARM	Advanced RISC Machines	微处理器
AV	Access Vector	访问向量

AVC	Access Vector Cache	访问向量缓存
AXI	Advanced eXtensible Interface	先进的可扩展的接口
BSC	Base Station Controller	基站控制器
BYOD	Bring Your Own Device	自带设备办公
CA	Certificate Authority	数字证书认证中心
CBC	Cipher-Block Chaining	密文分组链接
CCSA	China Communications Standards Association	中国通信标准化协会
CDMA	Code Division Multiple Access	码分多址
CNNIC	China Internet Network Information Center	中国互联网络信息中心
CPU	Central Processing Unit	中央处理器
CTS	Compatibility Test Suite	兼容性测试
DAC	Discretionary Access Control	自主访问控制
DDI	Developer Disk Image race condition	开发者磁盘映像的竞态条件
DDoS	Distributed Denial of Service	分布式拒绝服务
DEP	Data Execution Prevention	数据执行保护
DES	Data Encryption Standard	数据加密算法
DMA	Direct Memory Access	直接内存访问
DMC	Dynamic Memory Controller	动态内存控制器
DRAM	Dynamic Random Access Memory	动态随机存储器
DRM	Digital Rights Management	数字版权管理
DSP	Digital Signal Processing	数字信号处理
DVB	Digital Video Broadcasting	数字电视广播
ECB	Electronic Codebook	电码本
EDGE	Enhanced Data Rate for GSM Evolution	增强型数据速率 GSM 演进

EMM	Enterprise Mobile Management	企业移动管理
FDD	Frequency Division Duplexing	频分双工
FM	Frequency Modulation	频率调制
FIQ	Fast Interrupt Request	快速中断请求
GCC	GNU Compiler Collection	GNU 编译器集合
GIC	Generic Interrupt Controller	通用中断控制
GPS	Global Positioning System	全球定位系统
GPU	Graphic Processing Unit	图形处理器
GSM	Global System for Mobile Communication	全球移动通信系统
GUI	Graphical User Interface	图形用户界面
HCI	Human-Computer Interaction	人机交互
ID	Identity	身份证件
IMSI	International Mobile Subscriber Identification Number	国际移动用户识别码
IMT	International Mobile Telecom System	国际移动电话系统
iOS	iPhone Operating System	iPhone 操作系统
IP	Internet Protocol	网间互联协议
IPC	Inter-Process Communication	进程间通信
IPTV	Internet Protocol Television	网络协议电视
IRQ	Interrupt Request	中断请求
ITU	International Telecommunication Union	国际电信联盟
JNI	Java Native Interface	Java 本地调用
KASLR	Kernel Address Space Layout Randomization	随机分配内核地址空间
LKM	Loadable Kernel Modules	可加载内核模块
LSM	Linux Security Modules	Linux 安全框架
MAC	Mandatory Access Control	强制访问控制

MAM	Mobile Application Management	移动应用管理
MCM	Mobile Content Management	移动内容管理
MDM	Mobile Device Management	移动设备管理
MEM	Mobile E-mail Management	移动邮件管理
MLS	Multi Level security	多级安全
MMU	Memory Management Unit	内存管理单元
NMT	Nordic Mobile Telephone	北欧移动电话系统
NFC	Near Field Communication	近场通信
NSA	National Security Agency	美国国家安全局
OA	Office Automation System	办公自动化系统
OMTP	Open Mobile Terminal Platform	开放移动终端平台
OS	Operating System	操作系统
OTT	Over The Top	通过互联网向用户提供各种应用服务
PA	Power Amplifier	功率放大器
PC	Personal Computer	个人计算机
PCH	Paging Channel	寻呼信道
PKM	Periodic Kernel Measurement	周期性的内核检查
PMU	Power Management Unit	电池管理单元
POS	Point of Sale	销售终端
RAM	Random Access Memory	随机存取存储器
RBAC	Role Base Access Control	基于角色的访问控制
REE	Rich Execution Environment	富执行环境
RF	Radio Frequency	射频
RFID	Radio Frequency Identification	无线射频识别
ROM	Read-Only Memory	只读存储器

RSA	RSA algorithm	RSA 公钥加密算法
SAW Filter	Surface Acoustic Wave Filter	声表面滤波器
SDIO	Secure Digital Input and Output	安全数字输入输出
SDK	Software Development Kit	软件开发工具包
SE	Security Element	用户安全模块
SEAndroid	Security-Enhanced Android	安全增强型 Android
SELinux	Security-Enhanced Linux	安全增强型 Linux
SID	Security Identifiers	安全标识符
SIM	Subscriber Identity Module	用户识别模块
SM1	SM1 cryptographic algorithm	国密 SM1 加密算法
SM2	SM2 cryptographic algorithm	国密 SM2 加密算法
SM4	SM4 cryptographic algorithm	国密 SM4 加密算法
SMAP	Supervisor Mode Access Prevention	防止超级用户访问
SMC	Secure Monitor Call	安全监视调用
SoC	System on Chip	系统级芯片
SPL	Second Program Loader	第二次装载系统
STK	SIM Tool Kit	用户识别应用发展工具
SWP	Single Wire Protocol	单线协议
TACS	Total Access Communication System	全接入通信系统
TCP	Transmission Control Protocol	传输控制协议
TD-LTE	TD-SCDMA Long Term Evolution	TD-SCDMA 长期演进
TD-SCDMA	Time Division-Synchronous Code Division Multiple Access	时分同步码分多址
TE	Type Enforcement	类型强制
TEE	Trusted Execution Environment	可信执行环境
TF	Trans-Flash	闪存

TSM	Trusted Service Management	可信服务管理
TZASC	TrustZone Address Space Controller	TrustZone 地址空间控制器
UDP	User Datagram Protocol	用户数据报协议
UI	User Interface	用户界面
UICC	Universal Integrated Circuit Card	通用集成电路卡
UID	User Identification	用户身份
USAT	USIM Application Toolkit	USIM 应用工具箱
USB	Universal Serial Bus	通用串行总线
USIM	Universal Subscriber Identity Module	全球用户识别模块
VPN	Virtual Private Network	虚拟专用网络
WAP	Wireless Application Protocol	无线应用通信协议
WCDMA	Wideband Code Division Multiple Access	宽带码分多址
Wi-Fi	WIreless-Fidelity	无线保真
WiMax	Worldwide Interoperability for Microwave access	全球微波互联接入
WLAN	Wireless Local Area Network	无线局域网
WWDC	Apple Worldwide Developers Conference	苹果全球开发者大会
WWDR	Apple Worldwide Developer Relations Certification Authority	苹果全球开发者关系证书颁发机构